과실주
그리고
칵테일

liqueur
and
cocktail

과실주 그리고 칵테일

| 공태인 지음 |

리얼북스
RealBooks

Contents

하루 일과를 마치고 지친 몸과 마음의 스트레스를 풀기 위해 삼겹살에 소주를 마시는 것은 우리나라의 대표적인 술문화이다. 그런데 강렬한 알코올 맛에 찡그리며 단숨에 입에 털어넣어 마셨던 소주에도 변화의 바람이 불고 있다. 맛이 강렬한 고도주(高度酒)에서 부드럽고 순한 저도주(低度酒)로 바뀌고 있다. 여성들이나 젊은 층은 물론 중년층에서도 건강에 대한 관심이 높아지면서 알코올도수가 낮아지고 있는 것이다.

일본에는 '미즈와리(水割リ)'라는 술 마시는 방법이 있다. 위스키를 대중화하려고 산토리사에서 만든 음용법인데, 고농도알코올에 얼음과 물을 넣어 희석하여 마시는 방법이다. 우리나라도 스트레이트보다는 얼음을 넣어 온더록스(on the rocks)로 마시는 사람들이 많아졌다. 물론 맥주에 위스키나 소주를 넣어 마시는 폭탄주문화도 여전히 사랑받고 있지만 소주에 홍초를 타서 마시거나 건강음료를 섞어서 마시는 등 고도주의 거친 맛보다는 저도주의 부드러움과 다양한 맛을 즐기는 여유가 생긴 것이다. 이처럼 서로 다른 술이나 음료를 섞어서 만든 술을 칵테일이라고 한다. 칵테일은 보통 진, 럼, 보드카 등과 같은 증류주를 기본으로 하고, 여기에 여러 가지 재료로 향과 맛을 낸 리큐어와 음료수를 조합하여 만든다. 리큐어는 각종 열매, 꽃, 뿌리 등 첨가하는 재료에 따라 향과 맛이 다른 술이 얼마든지 만들어진다. 그래서 리큐어를 주재료로 사용하는 칵테일 또한 얼마든지 다양하게 만들 수 있다.

우리나라 가정에는 대부분 리큐어(과실주) 한 종류는 있다. 세계적으로 유명한 리큐어가 아니더라도 매실에 소주를 부어 만든 매실주 등의 과실리큐어나 인삼, 더덕 등의 약재리큐어 말이다. 주위에서 쉽게 구할 수 있는 재료에 소주를 부어 만든 술도 좋은 칵테일 재료가 될 수 있다. 몸에 좋아서 하루에 한잔 마시는 인삼주도 좋지만, 내가 담근 인삼주를 넣어 칵테일 한잔 만들어 마시는 것도 색다른 경험이 될 것이다. 칵테일은 바텐더(Bartender)나 믹솔로지스트(Mixologist) 같은 전문가들만의 분야가 아니다. 술은 즐겁자고 마시는 건데 격식이나 레시피에 고민하지 말고 쉽게 만들어 즐기자. 영화 〈미스터 & 미세스 스미스〉에서 브래드 피트가 부부싸움 후 한 손에는 전화기를 들고 친구와 수다 떨면서 다른 한 손으로는 셰이커를 들고 쉽게 마티니를 만드는 것처럼.

* **믹솔로지스트(Mixologist)** Mix(혼합하다)와 Ologist(학자)라는 두 단어의 합성어로 새로운 칵테일을 만드는 칵테일 분야의 예술가

liqueur

즐거운 술 리큐어

중세의 연금술사들은 맥주나 와인을 증류하여 지금의 증류주를 만들었다. 증류는 단순하게 생각하면 알코올을 농축시키는 간단한 기술에 지나지 않지만 그 시절에는 신비스러운 액체였을 것이다. 강한 알코올로 취기가 좀 더 빨리 올랐을 것이고, 의학이 발달하지 않아 소독약으로 사용했을 것이기에 그들은 이 액체를 아쿠아비타Aqua-vitae, 생명의 물라 불렀다. 그리고 증류 과정에서 약초를 넣어보았더니 약초의 맛과 향이 난다는 새로운 사실을 발견하고 이 액체를 생명의 물증류주 보다 더 뛰어난 액체라 여겼다. 이것이 리큐어의 기원이다. 리큐어는 여러 가지를 녹여서 만들었다고 하는 라틴어의 Liquefacere리케파세르: 녹는다, 녹이다에서 유래하였고 나중에 Liqueur리큐어로 불리게 되었다.

초기에는 증류주에 각종 약초를 우려내 약으로 사용하였지만 의학이 발달함에 따라 의학적인 용도보다는 기호식품 쪽으로 발전했다. 꿀을 섞어서 여성들도 편하게 마실 수 있는 리큐어도 개발되고, 점차 과일, 꽃, 잎사귀, 열매씨앗, 뿌리 등은 물론 크림 등의 동물성 재료도 사용해 다양한 리큐어가 개발되었다. 여기에 색소와 향료를 더함으로써 색이 다양하고 향이 독특한 오늘날의 리큐어가 탄생한 것이다.

술의 종류

우리가 즐겨 마시는 술은 소주, 막걸리, 약주, 맥주, 와인, 브랜디, 위스키 등 종류가 참 많다. 다양한 술만큼이나 술을 만드는 방법도 재료에 따라 다르다. 막걸리와 약주는 쌀을 주원료로 하고 누룩이라는 곰팡이를 이용하여 당화와 발효를 시켜서 만든다. 맥주는 보리를 발아시킨 맥아로 만들며, 와인은 과실을 발효시켜 만든다. 이처럼 술을 만드는 방법은 다양하지만 모든 술은 제조과정에 따라 양조주, 증류주, 혼성주로 나뉜다.

양조주 양조주는 술의 역사로 보면 가장 오래전부터 마셔온 술이다. 쌀, 보리, 밀 등의 곡식을 당화·발효시켜서 만드는 탁·약주, 맥주, 과실의 당분을 이용하여 만드는 와인 등이 양조주에 속한다.

증류주 발효로 만든 양조주를 증류한 것으로 소주(탁·약주), 브랜디(와인), 위스키(맥주), 럼(사탕수수), 데킬라(용설란), 고량주(수수) 등이 있다.

혼성주(리큐어) 양조주나 증류주에 과일, 향료, 약초, 과즙, 당분 등을 첨가해서 만드는 술로 이 책에서 소개하는 술이 여기에 속한다. 첨가하는 재료에 따라 만들어지는 술의 종류는 무궁무진하다. 자연에서 얻을 수 있는 식용 가능한 재료는 모두 술의 재료

가 될 수 있으며 자신만의 방법으로 개성이 강한 술을 만들 수도 있다.

국내의 대표적인 리큐어에는 매실, 인삼, 복분자, 머루 등을 이용한 술이 있으며, 세계적으로 유명한 리큐어에는 오렌지를 주원료로 한 큐라소, 약초나 향초를 이용한 예거마이스터, 커피를 이용한 칼루아, 코코넛을 이용한 말리브 등이 있다.

칵테일에 사용되는 술은 크게 증류주, 양조주, 혼성주로 분류할 수 있으며 부재료로 과즙, 시럽, 향료 등이 사용된다. 증류주는 칵테일의 베이스로 중요하며 위스키, 보드카, 럼, 브랜디, 데킬라가 주로 사용된다. 맥주, 와인 같은 양조주는 칵테일을 부드럽게 마시기 좋도록 도와준다.

혼성주(리큐어)는 칵테일의 미각, 시각, 풍미를 만드는 데 결정적인 역할을 하는 재료로 칵테일의 색과 맛은 리큐어가 좌우한다고 해도 지나친 말이 아니다. 증류주 등에 첨가한 설탕, 과즙, 향신료, 약초, 열매, 꽃 등의 맛과 향이 칵테일의 개성을 만들어가는 것이다.

BU
CARIBBEAN RUM
WITH
CONUT
BAILEY
GINAL IRISH
THE ORIGI
ISH CR
R A Bailey

Section 02
리큐어의 원리와 종류

● 원리

술에 과실이나 약재를 넣으면 재료의 맛과 향이 술에 녹아드는데 그 이유는 삼투현상 때문이다. 삼투현상(osmosis)은 농도가 다른 두 용액을 반투막으로 막아놓으면, 두 용액의 농도가 같아지기 위해 농도가 낮은 용액이 반투막을 통과하여 농도가 높은 용액으로 이동하는 것이다. 매실에 설탕을 넣어 매실의 유효성분을 빼내는 것이나, 배추를 소금으로 절이는 것 등이 삼투현상을 이용하는 것이다.

포도를 예로 들면 포도에 소주를 부어 술을 담글 경우 포도 알맹이는 물, 당 그리고 여러 가지 성분으로 채워져 있고 포도 외부에는 소주의 주성분인 물과 알코올이 있다. 포도 내부의 물과 각종 성분은 외부의 알코올농도와 평형을 이루기 위해 알코올농도가 높은 포도 외부로 이동하게 되어 전체 알코올도수는 낮아지게 된다. 그런데 포도 내부에서 외부로 이동하려면 외피의 반투막을 통과해야 하는데 물은 크기가 작아서 자유롭게 통과할 수 있지만 다른 성분 중 크기가 큰 것들은 물보다 원활하게 이동할 수 없기 때문에 맛과 향을 충분히 추출하기 위해서는 시간이 필요하게 된다. 따라서 소주의 알코올도수가 높으면 내용물의 추출속도가 빨라진다.

● 종류

리큐어는 증류주나 양조주에 여러 가지 과실, 각종 향료, 설탕 등을 첨가하여 만드는 술이므로 첨가하는 재료에 따라 종류가 무궁무진하다. 일반적으로 리큐어를 분류할 때는 증류주의 종류보다 주원료에 따른다.

과실(fruits) 과실계 리큐어는 과실 특유의 향에 당을 첨가하여 새콤달콤한 맛이 특징이다. 과실류 리큐어에는 오렌지, 레몬, 체리, 베리, 사과, 멜론, 바나나 등을 이용한 수많은 종류의 술이 있으며, 특히 오렌지껍질을 이용한 큐라소가 유명하다.

큐라소(Curacao), 코앵트로(Cointreau), 트리플 섹(Triple Sec), 그랑 마니에르(Grand Marnier), 만다린(Mandarine) 등이 있다.

약초·향초(Herbs & Spices) 증류주에 약초를 우려내 약의 대용품으로 사용하면서 리큐어가 시작되었으니 약초나 향초는 리큐어에서 중요하고도 가장 오래된 재료라 할 수 있다. 이런 리큐어는 어느 한 종류의 향초나 약초의 이름을 갖고 있지는 않으며, 여러 가지 향초와 약초, 꽃 등을 섞어서 만든다.

베네딕틴(Benedictine), 갈루아노(Galliano), 캄파리(Campari), 예거마이스터(Jagermeister) 등이 있다.

씨앗(Seeds) 과일의 씨앗과 견과류 등을 사용한 리큐어로 재료에서 우러나는 은은한 향과 진한 맛이 특징이다. 살구씨로 아몬드의 향을 낸 아마레토(Amaretto), 커피리큐어인 칼루아(Kahlua), 코코넛추출물과 럼으로 만든 말리부 럼(Malibu Rum) 등이 있다.

특수종류(Specialities) 과실, 약초·향초, 씨앗 같은 원료 외의 재료로 만든 리큐어이다. 동물성 재료인 크림이나 달걀 등으로 만든 제품이 있는데 동물성 성분을 알코올과 혼합하는 기술이 개발되면서 만들어졌다. 베일리스 아이리시 크림(Baileys Original Irish Cream), 애드보카트(Advocaat) 등이 있다.

Section 03
재료의 선택과 손질
(과실주, 약용주)

리큐어는 재료의 맛, 향기, 색을 증류주에 침출시켜 마시는 술이므로 재료의 맛과 향에 크게 의존한다. 따라서 술 담글 재료는 맛과 향이 좋은 신선한 것을 사용한다.

● 과일
과일은 향과 맛이 최고조에 이른 것이 먹기에 가장 좋으나 술을 담그는 용도로는 신맛이 나는 완숙 전의 과일도 좋다. 완숙 전의 신맛과 떫은맛이 완숙된 단맛과 어우러져 맛있는 술이 된다. 그러나 모과처럼 향기가 강한 과실은 잘 익어 향이 풍부한 것을 사용하는 것이 좋다.

1 과일은 지나치게 익은 것과 상한 것은 피하고 벌레 먹은 부분은 도려내고 사용한다.
2 오렌지, 귤, 레몬 등과 같은 과일은 과육뿐만 아니라 풍부한 향과 적당한 쓴맛을 위해 껍질도 일부 사용한다. 이때 농약과 먼지 등을 잘 제거해야 한다. 특히 모과, 유자, 레몬 등은 식품용 세제로 깨끗하게 잘 씻는다.
3 껍질을 너무 많이 넣으면 쓴맛이 강해져 오히려 술맛을 해치므로 적당량을 사용하며, 재료를 꺼내는 시기도 기호에 따라 조절한다. 보통 껍질은 1주일 이내에 꺼내는 것이 좋다.
4 재료는 적당한 크기로 잘라서 사용하는데 용기 입구가 커서 재료를 자르지 않고 넣을 수 있으면 그대로 사용해도 된다. 다만 모과 등과 같이 단단한 재료는 침출속도가 느리기 때문에 적당한 크기로 잘라서 넣는 것이 좋다. 딸기 등과 같이 무른 재료는 자르지 않아도 된다.

리큐어는 재료의 모습만으로도 장식용으로 사용할 수 있으니 가장 잘 어울릴 수 있는 형태로 자른다.

| tip | 과실로 술을 만들 때 변질과 부패를 줄이고 산뜻한 맛을 주기 위해서는 신맛 조절이 중요하다. 매실, 레몬, 유자, 귤, 살구 등의 과실은 신맛이 강해 술맛이 산뜻하며 장기간 보관하여도 보존성이 높다. 그러므로 신맛이 덜한 과실은 레몬이나 매실 등 신맛이 많은 과실을 같이 넣으면 맛도 좋아지고 오랫동안 보관할 수 있다.

● 꽃
활짝 핀 꽃보다는 갓 핀 꽃이 향이 더 좋다. 꽃은 씻기가 힘들므로 깨끗한 곳에서 채취하여 흐르는 물에 가볍게 씻어서 사용한다. 꽃은 말려서 사용하거나 생으로 사용하는데 말린 꽃은 술에 넣으면 부피가 늘어나므로 생으로 사용할 때보다 적게 넣는다. 꽃술은 향이 일품인데다 모양도 아름답기 때문에 가능하면 생으로 담그는 것이 좋다.

● 약초, 건재품
약재는 직접 채취하여 담그는 것이 가장 좋지만 한약건재상에서도 구입이 가능하여 사계절 아무 때나 술을 담글 수 있다. 오미자, 산수유처럼 말린 재료는 물에 씻으면 쉽게 물러지므로 체에 담아 흐르는 물에 가볍게 뒤적거려 씻는 것이 좋다. 씻은 후에는 체에 받쳐 물기를 빼거나 그늘에서 말린 후 사용한다.

| tip | 더덕, 도라지는 껍질에 좋은 성분이 많고 향도 좋으므로 껍질째 담그는 것이 좋다. 껍질의 주름 부분은 칫솔로 문지르면 흙이나 먼지 등을 쉽게 제거할 수 있다.

술의 선택과 양(과실주, 약용주)

세계 유명 리큐어들의 베이스로는 럼, 위스키, 보드카, 주정 등 다양한 술이 사용된다. 술 자체도 특유의 향과 맛이 있으므로 재료와 잘 어울리는 술을 선택해야 한다. 말리브는 럼을, 베일리스는 아이리시위스키를 사용한 리큐어이다.

유명한 리큐어는 그 지역의 특산물을 이용하는 경우가 많고 오랜 연구과정에서 얻은 노하우로 만들어졌으므로 재료와 알코올의 궁합을 단정 짓기가 매우 어렵다.

국내에서는 가격이 저렴하고 쉽게 구할 수 있는 소주를 사용하는 것이 좋다. 소주는 가격이 저렴한 장점도 있지만 술 자체의 향미가 거의 없어 재료의 맛과 향을 돋보이게 한다. 담금용으로 판매되는 소주의 알코올도수는 25~35%가 일반적이고, 용량은 1~10ℓ로 다양하다.

재료가 한약 건재품이나 꽃처럼 수분이 적은 경우에는 25% 소주를 사용해도 되지만 과실처럼 수분이 많은 경우에는 35% 소주를 사용하는 것이 좋다.

● 재료와 술의 비율

알코올은 삼투현상 등으로 술을 상하게 하는 균이 번식하지 못하게 하며 재료의 향미성분도 뽑아낸다. 그런데 알코올의 농도가 20% 이하로 내려가면 삼투현상이 약해져 살균력이 떨어짐으로써 각종 유해균이 번식할 수가 있으며, 이에 따라 술의 보존기간이 짧아진다. 정성스럽게 만든 술이 변질되어 마시지 못할 수도 있는 것이다.

유명한 리큐어들의 알코올도수는 말리브 21%, 칼루아 20%, 미도리 23% 등으로 알코올도수가 20~25%이다. 베네딕틴이나 코인트로는 40%로 알코올도수가 높은 반면 크림과 위스키로 만든 베일리스의 알코올도수는 17%로 비교적 낮다. 40% 알코올도수인 리큐어는 보관상 크게 문제가 없지만 17%인 베일리스나 20% 근처인 리큐어들은 변질될 여지가 있다. 그런데 업체에서는 보관할 때 주의사항에서 특별히 냉장보관을 요구하지 않으며 심한 온도변화에 주의하라는 정도이다.

수입되는 리큐어를 마셔보면 대부분 강한 단맛이 난다. 잼의 유

통기한을 보면 알 수 있듯이 설탕 또한 삼투현상으로 제품의 유통기한을 늘려준다. 물론 재료 중에 맥주의 홉(Hop)처럼 방부 역할을 하는 성분이 있을 수도 있고, 여러 가지 첨가물이 들어 있을 수도 있지만 알코올과 단맛이 강한 감미료가 술의 보존기간을 늘려준다.

수분이 많은 과일로 술을 담글 경우 담근 술의 알코올도수가 20%를 넘기 위해서는 소주와 재료의 비율이 중요한데 간단하게 계산 방법을 알아보자.

먼저 과일의 수분 함량이 중요하다. 수박과 같이 수분이 많은 과일은 수분 함량이 약 90%가 넘으며 귤. 사과. 복숭아. 포도 등은 80~85% 정도 된다.

계산을 쉽게 하기 위해 몇 가지 가정을 한다.

1 과일의 수분은 85%이다.

2 과일의 수분함량은 부피를 측정하기가 어렵기 때문에 무게로

계산한다. 즉 과일 1kg의 수분은 1,000mL×0.85=850mL라고 계산하면 된다.

35%(사용하는 소주의 알코올도수)×1.8L(소주사용량)=x%(담갔을 때 전체 알코올도수)×[(재료의 수분량)L+1.8L(소주사용량)]

위의 계산식으로 계산해보면 35% 술을 사용할 경우에는 술 1.8L에 과일은 약 1kg 이하로 사용하는 것이 좋고, 30% 술을 사용할 경우에는 술 1.8L에 과일은 600g 이하로 사용하는 것이 좋다.

수분이 많은 과일은 위와 같은 비율로 술을 담그면 안전하며 꽃이나 한약재 같은 재료는 수분이 거의 없으므로 25% 소주를 사용해도 별 문제는 없다. 그러나 재료를 너무 많이 넣어 재료의 맛과 향이 지나치게 진하거나, 알코올도수가 너무 높을 경우 술에 거부반응을 일으켜 기호도를 떨어뜨릴 수 있다.

Section 05
감미료의 종류와 사용방법

과일은 주성분이 수분이지만 당도 많이 함유되어 있다. 이 과일을 소주에 담그면 과일이 갖고 있는 각종 유기물은 물론 당분도 녹아나온다. 즉 감미료를 넣지 않아도 과일이 갖고 있는 당만으로 술에서 단맛을 느낄 수 있다.

칵테일의 주재료가 되는 유명한 리큐어들은 단맛이 많고, 색 또한 아름답다. 단맛이 많은 술은 부드럽고 마시기에 부담이 없으며, 단맛이 적은 술은 깔끔하고 담백하다. 대체로 여성이나 술을 잘 마시지 못하는 사람은 단맛이 많은 술을 좋아하고 술을 즐기는 사람은 단맛이 없는 술을 좋아한다. 그러므로 술을 담글 때 감미료는 개인의 기호에 맞추어 넣으면 된다. 술을 마실 때 입맛에 따라 적당한 양을 가당하는 방법도 있다.

● 백설탕
설탕은 식품공전상 '사탕수수나 사탕무 등에서 추출한 당액 또는 원당을 정제한 백설탕, 갈색설탕'을 말하며 백설탕, 갈색설탕, 기타 설탕으로 분류한다.

백설탕과 갈색설탕은 당액 또는 원당을 정제 가공한 설탕이며 그 외의 설탕은 기타 설탕으로 분류된다. 흑설탕은 백설탕에 카라멜을 혼합하여 만들었기에 기타 설탕으로 분류되며, 요즘 인기가 많은 마스코바도, 몰라시스 등의 비정제설탕은 여과, 용해, 결정화 과정 등의 공정을 거치지 않았기 때문에 식품법상 설탕이 아니라 당류가공품으로 분류된다. 유기농설탕은 유기농으로 재배한 사탕수수를 원료로 하여 비정제과정으로 생산된 것은 당류가공품, 정제과정을 거친 것은 갈색설탕 등으로 분류된다.

리큐어에 주로 사용하는 백설탕은 원당을 정제, 가공하는 단계에서 유효성분이 제거되어 건강에 해로운 감미료로 인식되고 있다. 하지만 리큐어는 재료의 맛과 향 그리고 색을 즐기는 기호식품이니 백설탕에 대한 부정적인 인식에서 자유로웠으면 한다. 특히 리큐어는 맛도 중요하지만 칵테일의 베이스로 사용하기 위해서는 화려한 색도 매우 중요하기에 특별한 색이 없는 백설탕은 유용한 감미료이다.

● 공정무역 설탕 '마스코바도'
'가난한 사람들의 설탕' 설탕의 섬으로 불리는 필리핀의 네그로스섬에서는 예부터 행해져온, 당밀 분리나 정제를 하지 않는 전통적인 설탕제조방법이 있었다. 그런데 외국의 거대한 자본이 들어와 정제 백설탕을 본격적으로 생산하기 시작하면서 대규모 제당공장이 건설되어 마스코바도 제조방법은 사라져갔으며 설탕 노동자와 영세 농민은 일자리를 잃어 빈곤에 빠지게 되었다. 그래서 이들 노동자와 농민의 자립을 지원하고자 전통적인 방법으로 만들어진 설탕을 정당한 가격에 구입하자는 운동이 시작되었으며 이렇게 탄생한 설탕이 '마스코바도'이다. 단맛은 백설탕보다 덜하지만 사탕수수의 향과 풍미가 남아 있고 알맹이가 커서 씹는 맛이 있다.

Section 06
리큐어 시럽 만들기

설탕시럽은 커피에 많이 사용한다. 특히 아이스커피를 만들 때 시럽을 사용하면 설탕알갱이를 녹여야 하는 불편이 없어진다. 시럽에 바닐라빈을 한 개 넣어두면 바닐라향이 은은한 바닐라시럽도 만들 수 있다.

리큐어를 만들 때에도 시럽을 사용하면 편리하다. 여기에 천연색소를 이용하여 산뜻한 색이 입혀진 시럽을 넣으면 색이 아름다운 리큐어를 만들 수 있다. 다만 시럽을 만들 때 물이 들어가기 때문에 많이 사용하면 알코올도수가 낮아지는 단점이 있다.

● 설탕시럽

백설탕과 물을 1:10이나 2:1의 비율로 만든다. 컵을 기준으로 계량하면 편리하다. 물 한 컵과 설탕 한 컵은 1:1 비율이 된다. 그릇에 설탕과 물을 넣고 잘 저어주기만 하면 간단하게 시럽을 만들 수 있다. 설탕은 찬물에서도 잘 녹는데 간혹 시럽을 만들어 병에 담아놓으면 병 안에서 기포가 생기는 경우가 있다. 설탕을 녹이는 과정에서 들어간 공기 중의 미생물이 발효하는 경우 등이다. 이때 뜨거운 물을 사용하면 살균 처리한 제품처럼 안전하게 시럽을 만들 수 있다.

● 바닐라시럽

바닐라시럽을 만들려면 먼저 설탕시럽을 만들어야 한다. 설탕시럽을 만드는 과정과 같이 백설탕과 물을 1:10이나 2:1의 비율로 만들어서 병에 담고 바닐라빈을 통째로 넣으면 된다. 시간이 지나면서 바닐라향이 은은한 바닐라시럽이 만들어진다.

*바닐라빈은 제빵제과 관련 쇼핑몰에서 구입할 수 있다.

● 천연색소시럽

가루나 액상의 치자청색소를 설탕시럽에 첨가하면 파란색 색소시럽을 만들 수 있다. 이 시럽은 블루큐라소를 만들 때 푸른 바다색을 내기 위해 사용한다.

리큐어로 칵테일을 만들 때는 리큐어의 맛도 중요하지만 색도 중요하다. 붉은색, 파란색, 녹색, 노란색 등의 리큐어를 넣어야 화려한 칵테일이 완성되기 때문이다. 블루큐라소는 오렌지로 만든 리큐어로 칵테일을 만들 때 푸른 바다색을 내기 위해 많이 사용한다. 오렌지를 넣었는데 어떻게 파란색 술이 만들어질까? 블루큐라소는 주정과 설탕을 혼합한 뒤 오렌지향과 식용색소를 첨가하여 만드는 리큐어이다. 이렇듯 리큐어는 칵테일에서 맛은 물론 색을 결정하는 중요한 재료이기에 원료에서 얻을 수 없는 색은 색소를 첨가해야 한다. 멜론리큐어로 유명한 미도리 역시 멜론만으로는 청명한 녹색을 얻기 힘들기에 색소를 이용한다. 집에서도 천연색소를 이용하여 재료가 갖고 있는 색을 한층 더 돋보이게 하거나, 전혀 다른 색으로 바꿔 맛은 물론 눈도 즐거운 리큐어를 만들어보자.

빵이나 떡의 색을 내기 위해 사용하는 천연색소는 종류가 많다. 붉은색은 백년초가루를 넣으면 잘 나온다. 노란색, 파란색 그리고 녹색은 치자색소 제품을 사용하면 된다. 가루제품은 물을 약간 넣어 녹인 다음 커피여과지로 걸러낸 맑은 색소물만 사용하는 것이 좋다. 가능하면 가루제품보다는 액상제품을 구입하는 것이 편리하다.

*천연색소가루는 식품첨가물을 취급하는 곳이나 제빵제과 관련 마트에서 구입할 수 있다.

과일시럽 만들기

과일시럽은 과일의 즙을 낸 다음 설탕을 넣어서 만들 수 있다. 여기서는 마이타이, 데킬라선라이즈, 바카디 등의 칵테일에서 붉은색과 석류맛과 향을 내는 부재료로 널리 사용되는 그레나딘(Grenadine)시럽과 스위트 앤 사워믹스(Sweet & Sour Mix)시럽을 만들어보자.

| 그레나딘시럽 만들기 |

그레나딘시럽은 석류즙을 내어 만들면 되는데 석류를 구하기 어려운 계절이면 석류농축액이나 석류음료수로도 간단하게 만들 수 있다. 이와 같은 방법을 응용하면 여러 가지 과일시럽이나 허브시럽을 만들 수 있다.

재료 : 석류음료수 600mL, 설탕 200~300g, 석류가루 10~20g

석류 음료수 600mL에 설탕 200~300g을 넣고 잘 녹인다. 석류를 직접 즙을 내거나 농축액으로 만들면 좋은데 가격이 비싸다. 그러므로 저렴하고 구하기 쉬운 석류음료수로 시럽을 만들어보자. 여기에 석류가루를 조금 넣으면 맛이 한층 좋아진다.

설탕이 충분히 녹으면 병에 담아서 보관한다. 상온에서 안전하게 보관하려면 시럽을 한 번 살짝 끓이는 것이 좋다. 석류가루는 식품첨가물을 취급하는 온라인쇼핑몰에서 구입하면 된다.

| 스위트 앤 사워 믹스 만들기 |

스위트 앤 사워믹스는 가루제품을 물에 녹여 사용하는 쉬운 방법이 있지만 칵테일에서 그렇게 많이 사용하는 재료가 아니니 레몬주스와 라임주스가 있다면 필요할 때마다 만들어서 사용하는 것도 괜찮다.

재료 : 레몬주스 1/2oz, 라임주스 1oz, 1 : 1 설탕시럽 2oz, 물 2oz
글라스에 레몬주스와 라임주스를 붓는다.
설탕시럽과 물을 1:1로 붓는다.
주스나 물의 비율은 기호에 맞게 조절하면 된다.

Section 08
맑은 술이 좋다

재료의 유효성분이 알코올에 녹아들면 재료는 건져내고 숙성시킨다. 너무 오랜 시간 침출시키면, 특히 무른 재료는 술의 색이 탁해져 오히려 술맛을 해칠 수 있다. 재료를 건져내는 시기는 재료 종류에 따라 다르다. 매실이나 모과와 같이 단단한 과실과 더덕, 인삼, 오가피 등의 뿌리는 오래 두어야 재료의 유효성분이 술에 충분히 우러나온다. 딸기, 파인애플 같은 무른 재료는 짧은 시간 침출시켜도 충분히 우러나온다.

모과, 매실, 인삼, 더덕, 오가피 등 단단한 재료는 건더기를 거르기도 편하고 술이 맑아서 그냥 마셔도 좋지만 재료가 무르면 술이 혼탁할 경우가 많다. 이때 혼탁한 술을 깨끗하게 걸러야 보기에도 좋고 깨끗한 맛을 즐길 수 있다. 단단한 재료는 가볍게 체에 거르며, 무른 재료는 고운 망에 넣고 재빨리 짜내는 방법이 좋다. 망의 재질은 나일론이나 폴리에스테르로 된 것이 좋다.

● 침전

재료를 거른 다음 병에 담아 냉장고에 넣어두면 부유물은 시간이 지나면 바닥에 가라앉는다. 침전은 온도가 낮을수록 빨리 일어나며 맑은 부분만 호스 등을 이용하여 옮기면 된다.

● 커피여과지

드립커피를 만들 때 사용하는 커피여과지도 쉽게 구할 수 있고 간편하게 술을 거를 수 있어 좋다. 그러나 침전물의 크기가 작고 당이 많거나 섬유질이 많으면 커피여과지로는 잘 걸러지지 않는다. 이럴 때에는 나일론 재질의 고운 망으로 짜내듯이 걸러낸 다음 침전시켜 맑은 술만 옮겨 담으면 좋다.

● 여과기

여과기는 종류도 많고 가격대도 천차만별이다. 많은 양을 전문적으로 여과하는 경우가 아니라면 거름종이를 사용하는 간단한 여과기도 꽤 좋은 결과물을 만들낸다. 하지만 진공펌프와 여과플라스크 같은 도구가 필요할 경우도 있다.

침전

liqueur

Part01 / 즐거운 술 리큐어

커피여과지

여과기

왼쪽부터 마가리타글라스, 마티니글라스, 슈터글라스, 락글라스, 하이볼글라스 / 스테인리스는 지거와 셰이커

맛있게 마시기

좋아하는 과일이나 귀한 약재로 술을 만들었는데 알코올도수가 높아서 거부감이 들거나 재료의 맛이 강해서 마시기가 힘들 때 얼음 한 조각이나 탄산음료를 조금만 넣어서 마셔보면 '이렇게 맛있었나?'라고 감탄하게 된다. 술을 잘 만드는 일만큼 중요한 것이 맛있게 마시는 방법이다.

집에서 만든 술을 즐기는 방법에는 재료 본래의 맛을 가장 충실하게 느낄 수 있는 스트레이트(그대로 마시는)로 마시는 방법, 얼음을 넣어 부드럽고 시원하게 마시는 온더록스방법, 여러 가지 술과 음료를 섞어서 칵테일로 마시는 방법 등이 있다.

스트레이트나 온더록스로 마시는 방법도 술을 즐기기에 좋지만 다양한 시럽에 감미료와 천연색소를 넣어서 화려한 과실주를 만들어두면 칵테일전문점에서 마시는 칵테일을 집에서도 즐길 수 있다. 칵테일은 만드는 재미는 물론 마시는 재미도 있으며, 손님 접대용으로도 상당히 매력적이다.

집에서 칵테일을 만들고자 할 때 굳이 유명한 칵테일 제조법을 따라할 필요는 없다. 본인에게 가장 맛있는 레시피를 만들어가는 것도 큰 즐거움이다. 칵테일 바에서 사용하는 다양한 도구가 없어도 집에 있는 유리컵과 숟가락만으로 충분히 혼합할 수 있으며 맛과 향이 다른 여러 가지 술을 섞는 방법만으로도 색다른 술을 만들 수 있다.

● 셰이커, 지거

칵테일은 셰이커와 지거가 있으면 좀 더 쉽게 만들 수 있다. 지거는 칵테일에 들어가는 술이나 음료수의 양을 계량할 때 사용하는 간단한 도구로 크기가 다른 고깔 2개가 서로 맞붙어 모래시계 형태로 생겼다. 일반적으로 작은고깔/큰고깔 사이즈가 0.5oz/1.0oz, 1.0oz/1.5oz인 제품을 많이 사용한다. 지거 대신 양주잔을 기본 계량도구로 사용해도 된다. 칵테일 레시피는 1oz, 2oz, 1/2oz 단위로 되어 있어서 양주잔을 기본으로 1잔, 2잔, 1/2잔으로 계량하면 된다.

셰이커는 얼음과 칵테일 재료를 넣고 흔들어 잘 섞는 도구다. 컵에 얼음과 재료를 넣고 숟가락으로 젓는 방법보다 빠르고 쉽게 섞을 수 있다. 스테인리스 스틸 제품이 사용하기 편리하며, 용량은 300~700mL 제품을 많이 사용한다.

● 칵테일글라스

칵테일은 맛도 중요하지만 멋도 중요한 술이다. 특히 고운 빛깔을 자랑하는 형형색색의 재료 덕분에 눈으로 먼저 마시는 술이기도 하다. 그래서 칵테일을 눈으로 마시기 위해 다양하고 아름다운 빛깔을 살릴 투명한 글라스가 필요하다. 색상이 화려한 칵테일을 만들었는데 머그컵에 담는다면 흥이 나겠는가.

칵테일글라스를 구분할 때 드링크타입에 따르면 편하다. 드링크타입은 마시는 속도에 따라 '롱 드링크(Long Drink)'와 '쇼트 드링크(Short Drink)'로 구분할 수 있다. 롱 드링크는 오랜 시간에 걸쳐 천천히 마시는 칵테일로 탄산수, 얼음, 물 등을 섞기도 하여 잔의 크기가 큰 편이다. 이런 칵테일은 주로 하이볼글라스에 담아내는데 음료수잔으로도 사용할 수 있어서 마련해두면 유용하다. 롱 드링크와는 반대로 서너 모금에 마시는 쇼트 드링크 글라스로는 역삼각형에 와인잔처럼 긴 다리가 붙어 있는 마티니글라스를 많이 사용한다. 마티니글라스는 5oz(150mL) 정도의 잔을 구입하는 것이 보기도 좋고 사용하기도 편하다.

슈터글라스는 띄우기기법으로 만드는 B52 같은 칵테일에 주로 쓰인다. 띄우기기법의 칵테일은 만드는 재미와 보여주는 재미가 있는 술이니 잔을 몇 개 갖춰놓으면 좋다. 위스키를 스트레이트로 마실 때 사용하는 스트레이트잔을 사용해도 무방하지만 조금 더 큰 2oz(약 60mL) 정도의 더블 슈터글라스가 층을 쌓기에 편리하다.

칵테일은 수많은 재료로 개인의 기호와 취향에 따라 혼합하여 만들기에 종류를 셀 수가 없다. 많은 종류의 칵테일을 담아내는 만큼 칵테일글라스도 다양하다. 칵테일을 담아내는 글라스의 모양은 칵테일의 첫인상이기에 어찌 보면 가장 중요할 수도 있다. 하지만 와인잔은 꼭 다리(stem)을 잡아야 한다는 먼 옛날의 답답한 상식처럼 칵테일글라스 선택에 너무 많이 고민하지 말자. 다만, 색과 모양이 화려한 칵테일글라스는 피하자. 잡기 편하고 마시기 편하고 놓기 편한 잔이면 칵테일을 즐기기에 부족함이 없다.

칵테일 만드는 방법

● 흔들기

흔들기(Shaking)는 이름 그대로 흔들어서 만드는 방법이다. 달걀이나 꿀, 유제품 등 쉽게 잘 섞이지 않는 재료를 섞을 때나 도수가 높은 알코올을 희석할 때 유용하다. 얼음과 재료를 같이 넣어 흔드는 과정에서 재료와 공기가 섞여 생기는 거품 덕분에 부드러운 촉감을 만들어내며, 빠르게 냉각해주는 효과도 있다. 얼음이 깨지지 않도록 부드럽게, 잘 섞이도록 흔들어야 하며 숙련도에 따라 맛의 느낌이 달라진다.

휘젓기

블렌딩

직접 넣기

띄우기

● 휘젓기

직접 넣기 방법으로 하기에는 용량이 조금 크고 흔들기를 하기에는 혼합하기 쉬운 재료일 경우에 휘젓기(Stirring)를 사용한다. 믹싱글라스에 얼음과 재료를 넣고 긴 숟가락으로 휘저으면 되지만 강하게 저으면 거품이 생겨 색이 탁해지고, 오래 저으면 얼음이 많이 녹아 술이 묽어진다. 이 방법으로 만든 유명한 칵테일이 '마티니(Matini)'와 '맨하탄(Manhattan)'이다.

● 직접 넣기

직접 넣기(Building)는 칵테일을 만드는 가장 쉬운 방법으로, 셰이커니 믹싱글라스니 복잡한 칵테일 도구가 없어도 칵테일글라스만 있으면 만들 수 있는 방법이다. 글라스에 얼음과 재료를 넣다보면 자연스럽게 만들어지는 기법으로, 소다수를 섞는 칵테일이나 진토닉(GinTonic)처럼 흔들지 않아도 자연스럽게 섞이는 칵테일을 만들 때 사용한다.

● 블렌딩

블렌딩(Blending)은 믹서기에 재료와 얼음을 함께 넣고 갈아서 만드는 방법이다. 믹서기를 사용하는 이유는 부재료를 곱게 갈기 위해서다. 과일과 얼음을 섞어 슬러시 같은 형태의 칵테일을 만들 때 좋다. 우유처럼 혼합하기 어려운 재료나 거품이 풍부한 펀치류의 칵테일도 쉽게 만들 수 있다.

● 띄우기

띄우기(Floating)는 층을 쌓는 기술로, 술의 밀도, 즉 알코올도수나 당 함량의 차이로 생기는 비중을 이용하여 층층이 쌓는 방법이다. 글라스 안쪽 벽에 숟가락을 기대어 세우고 비중이 무거운 술부터 조심스럽게 따라준다. 다음 층부터는 천천히 따라야 섞이지 않고 깔끔한 층이 생기는 칵테일을 만들 수 있다. '비 오십이(B-52)' 등을 만들 때 이 방법을 사용한다.

우리 쌀로 빚은 전통 소주,
코리안 화이트 스피릿 '화요'

칵테일은 서로 다른 술이나 음료를 섞어서 만드는데 보통 증류주를 기본으로 하고 여기에 여러 가지 재료로 향과 맛을 낸 리큐어와 음료수를 조합하여 만든다. 칵테일에 사용하는 증류주는 진, 럼, 보드카 등과 같은 스피릿인데 술에 문외한인 사람들도 이름은 들어봤을 정도로 세계적으로 유명한 술이며 그 나라를 대표하는 술이다. 우리나라에는 칵테일의 베이스로 사용할 수 있는 증류주가 없을까? 물론 우리나라에서도 많은 증류주가 생산되고 있다. 조선 3대 증류주인 이강고, 죽력고, 감홍로는 물론 남한산성소주, 안동소주, 문배술, 옥로주, 송로주, 불로주, 솔송주, 홍주, 송화백일주, 선주, 한주 등 우리 농산물과 누룩을 이용하여 전통적인 방법으로 빚어 증류한 많은 종류의 술이 있다. 이와 같은 전통방식의 증류주들은 첨가된 원료와 빚는 방법에 따라 독특한 향과 맛이 있어 향기만으로도 행복한 술이지만 칵테일의 베이스로는 쉽게 만나보기 힘든 증류주이다. 바텐더로서도 알려진 레시피와 검증된 브랜드 증류주를 사용하는 것이 위험을 줄이는 방법이긴 하겠다.

하나의 술이 그 지역을 넘어서서 세계적으로 인정받기 위해서는 많은 어려움이 있다. 우리에게는 좋은 복분자술도 그냥 와인이고 우리의 전통 증류주도 맛이 다른 보드카 정도로 인식될 수 있는 외국인에게 이미 브랜드화되어 깊이 박혀 있는 이미지를 깨야 인정받을 수 있다. '초밥에는 사케'라는 음식과 문화를 접목한 이미지를 만들기 위해서는 많은 노력이 필요하며, 세계 술 품평회 수상이나 세계 규모의 바텐더 대회 수상에 우리나라 증류주 사용이 절실하기도 하다.

칵테일의 베이스 증류주로 소개할 술은 2010년 주요 20개국 'G20정상회의'의 공식 칵테일 베이스로 선정된 '화요'이다. 화요는 우리 쌀과 깨끗한 암반수에 감압증류방식으로 만든 증류주를 옹기에 담아 장기간 숙성시켜 만든 술로, 쌀의 향과 깊은 맛이 살아 있다. 화요 17도, 화요 25도, 화요 41도 등 도수별로 종류가 다양해 기호에 맞는 알코올 도수로 칵테일할 수 있다. 화요로 만들 수 있는 간단한 칵테일 몇 가지를 소개한다. 먼저 '화요토닉'은 진토닉에 진 대신 화요를 넣어 만든 칵테일로 화요 41도와 토닉워터를 1 : 2의 비율로 넣고 얇게 썬 레몬 한 조각과 얼음을 넣으면 된다. 화요의 상쾌한 맛과 향을 살려주는 칵테일이다. 유자와 화요가 어우러진 '유화 칵테일'은 화요 41도 25mL와 유자청

25mL를 섞고 얼음을 넣은 후 라임즙 5방울과 소다수 50mL를 넣어서 만드는데, 새콤 쌉싸름한 칵테일맛이 식사 전 입맛을 돋운다.

● '가랑가랑' 칵테일 만드는 방법

여름에 어울리는 칵테일 하면 모히토가 먼저 떠오르는데 사각사각한 얼음조각에 향긋한 민트 그리고 새콤한 라임은 생각만으로도 기분이 좋아진다. 여기서 소개하는 가랑가랑은 가랑비처럼 서서히 취한다는 뜻으로 깻잎의 상큼함이 어우러진 한국형 모히토이다.

재료 : 화요 1과 1/2oz(45mL), 깻잎 4장, 라임 4조각(1/2), 브라운슈거(2티스푼), 얼음(셰이크)
1 깻잎 3장을 겹쳐 잘게 찢는다.
2 슈거 2스푼을 넣고 머들링한다(빻는다).
3 라임 4조각을 넣고 머들링한다(빻는다).
4 화요 1과 1/2oz (45mL)를 넣고 젓는다.
5 얼음을 1/2가량 채우고 다시 젓는다.
6 얼음을 잘게 갈아서 가득 채운다.
7 깻잎 한 장으로 예쁘게 포인트를 준다.

● '심포니G20' 칵테일 만드는 방법

심포니G20은 포근한 느낌을 주는 다홍빛 칵테일로 한국인의 정으로 세계인과 조화하는 뜻이 담겨 있다. G20, 5그룹의 특색을 은은함(화요), 향긋함(살구), 새콤함(자몽), 달콤함(패션프루츠), 상큼함(오렌지)으로 담아낸 다채롭고 풍부한 맛의 칵테일이다.

재료 : 화요 41% 1oz, 살구브랜디 리큐르 1/2oz , 자몽시럽 1/2oz, 패션프루츠 퓨레 1/3oz, 오렌지 주스 1oz, 오렌지껍질
1 셰이커에 재료와 얼음을 넣고 잘 흔들어준다.
2 글라스에 잘 흔든 칵테일을 담고 오렌지껍질로 장식한다.

화요

| http://www.hwayo.com

| TEL: 031-881-3057

liqueur

계절 따라 담그는 과실주

봄이면 산천에 많은 꽃이 피어나고 나무에는 과실이 열린다. 자연이 아름다울 수 있는 건 언제나 자연스럽기 때문이다. 그 아름다운 자연을, 꽃들과 과실을 온전히 담아낸다는 것은 참 설레는 일이다. 작은 유리병에 담긴 자연을 감상하고 향을 맡고 맛을 음미하는 일은 참으로 행복하고 즐거운 일이다. 이른 봄 매화주에서 늦은 가을 머루주까지 자연을 담고 행복한 마음을 품어보는 것이 과실주가 주는 또 하나의 선물이다.

Section 01 　매화주

시기 3월

재료 매화, 소주 25∼35%(매화의 3∼4배)

1 매화는 조심해서 따야 꽃잎의 화사함을 느낄 수 있다. 가능하면 깨끗한 곳에서 채취하고, 흐르는 물에 조심스럽게 씻어서 꽃잎이 상하지 않게 한다.

2 용기에 매화를 1/3∼1/4 정도만 채우고 소주로 용기의 입구까지 채운다(매화꽃은 수분이 없기에 25% 소주를 사용하여도 좋다).

3 매화는 숙성되면서 꽃잎의 화사함이 더 생생하게 살아난다. 재료는 그대로 두어 장식용으로 사용해도 좋다.

섬진강을 가운데 두고 마주한 전남 광양시와 경남 하동군은 대표적인 매실 산지이다. 매실은 어느 집에서나 매실청을 담가 음료수로, 음식조미료로 사용할 만큼 대중적인 열매이다. 매화는 매실나무의 꽃으로, 열매만큼은 아니지만 향기를 머금은 화사함에 조금씩 관심이 많아지고 있다. 중국의 약학서인 『본초강목』에는 "매화의 꽃잎이나 꽃망울은 그 맛이 시고 독이 없어 피를 맑게 하고 독을 없앤다. 흰 매화의 꽃잎을 빻아서 입술에 붙여 종기를 없애거나 갈라진 곳의 출혈을 막기도 한다. 매화 꽃망울 달인 것을 마시면 갈증을 없애준다"라고 나와 있다. 매화는 건강은 물론 선비의 나무라 불리듯이 품격도 챙길 수 있고 관광체험을 통해 수익사업도 가능한 꽃이다.

매화는 남쪽지방에서는 2월 초순에 피기 시작해 보통 3월 초에서 4월 초까지도 핀다. 매화는 빨리 지니 서둘러야 꽃을 딸 수 있다. 매화주는 술이 익어가면서 매화가 술에 녹아든 모습이 매우 아름다우며, 매실보다 더 진한 향기가 매력적이다.

| 마시는 방법 | 술 속에 피어 있는 매화는 탐스럽게 핀 앵두의 매혹적인 자태와는 다른 품격 있는 아름다움을 갖고 있으며 향 또한 환상적이다. 입구가 넓은 잔에 매화주를 1/3 정도만 따르고 향을 음미하면서 몇 번에 나누어 마셔보자. 알코올도수가 부담된다면 차갑지 않은 물을 조금 넣어 희석해 마시는 것도 좋다. 안주는 매화의 향과 맛을 방해하지 않는 것을 선택하는 것이 좋다. 담백한 치즈나 견과류가 잘 어울린다. 수분이 많아 알코올도수를 낮춰주는 수박, 멜론 등 계절에 맞는 신선한 과일이나 달콤한 드레싱을 얹은 샐러드도 좋다.

<table>
<tr><td>

Section 02

</td><td>

민들레주

</td></tr>
</table>

시기 4~5월

재료 민들레꽃, 소주 30~35%(민들레꽃의 3~4배)

1 민들레는 줄기부분을 잘라내고, 꽃부분만 체에 받쳐 흐르는 물에 씻은 후 가볍게 털면서 물기를 뺀다. 가능하면 그늘에서 말린 후에 담그는 것이 좋다.

2 민들레꽃을 용기의 1/4 정도 넣고 나머지는 소주를 부어 채운다.

3 소주를 부은 후 용기를 잘 밀봉해서 보관한다.

4 2개월 정도 지나면 호박색 술이 되는데 건더기는 체에 받쳐 건져낸다.

5 거른 술은 병에 담아 밀봉하여 보관하며 좀 더 숙성시킨 후 마시는 것이 좋다.

민들레는 도시에서든 농촌에서든 길을 가다가 고개를 돌리기만 해도 노랗게 활짝 피어 반갑게 맞아주는 친근한 꽃이다. 민들레는 봄부터 꽃을 피우는데 여름이 되어도 여전히 피고 지고 또 피어나 신기하기도 하다. 국내에서 자라는 민들레는 크게 자생토종민들레와 유럽이 원산지인 서양민들레로 나뉘는데, 산골이나 시골에서 가끔 보이는 민들레 외에 대부분은 서양민들레이다. 토종민들레는 서양민들레에 비해 약간 연한 노란색의 꽃이 4~5월에만 핀다. 서양민들레는 주로 봄에 피지만 여름과 가을까지도 피며, 바깥쪽 꽃받침이 뒤로 젖혀지는 것이 토종민들레와 큰 차이점이다.

민들레는 잎은 물론 꽃, 줄기, 뿌리를 모두 먹을 수 있다. 연한 잎은 나물로 먹으며 뿌리는 잘게 썰어 말려서 볶은 다음 차로 마신다. 열을 내리고 피를 맑게 해서 한방에서는 기관지염 등의 약재로 사용한다. 민들레로 담근 술은 민들레 특유의 쌉쌀한 맛이 기분을 좋게 한다.

| 마시는 방법 | 민들레주는 국화주와 맛과 향이 비슷하다. 쓴맛과 쌉쌀한 맛이 매력적이지만 쓴맛이 부담된다면 차갑게 희석해 마셔도 좋다. 입구가 넓은 잔에 얼음을 넣어 돌려 잔을 차갑게 식힌 다음 얼음을 버린다. 그 잔에 민들레주를 넣고 얼음을 넣은 후 몇 차례 돌려준다. 여기에 민들레주의 2배 정도 되는 시원한 물을 넣어 다시 한 번 저으면 된다. 새콤달콤한 과일주스나 톡 쏘는 탄산음료수와 칵테일하는 방법도 좋다.

민들레에 전해 내려오는 이야기

옛날 어느 나라에 평생 단 한 가지 명령만 할 수 있도록 별들에 의해 운명지어진 임금이 있었다. 이 임금은 이러한 운명을 만든 별들을 원망하여 하늘의 모든 별이 다 떨어지라는, 한 번만 사용할 수 있는 명령을 내렸다. 그러자 밤하늘에 반짝이던 수많은 별은 땅에 떨어져 꽃으로 피어났고, 임금은 별들을 원망하며 양치기가 되어 평생 그 꽃을 밟았다. 그러나 땅에 납작하게 붙어버린 꽃들은 여전히 살아남아 계속해서 꽃을 피웠는데, 그토록 질기고 강한 생명력을 갖고 있는 꽃이 민들레라고 한다.

<table>
<tr><td>S e c t i o n   0 3</td><td>아카시꽃주</td></tr>
</table>

시기 5월

재료 아카시꽃, 소주 30~35%(아카시꽃의 2배)

1 아카시꽃은 송이째 그대로 채취하여 담그면 편하다. 깨끗한 곳에서 채취하여 먼지 정도만 가볍게 털어내고 술을 담근다.

2 준비한 용기에 아카시꽃을 반 정도만 넣고 나머지 부분은 소주를 부어 채운다.

3 1개월 정도 지나면 건더기는 건져낸다.

많은 사람이 아카시아라고 부르는 이 나무의 정확한 이름은 아카시나무이다. 아카시나무의 원산지는 북미로 알려져 있으며 1900년 초 국내에 들어왔다. 국토가 민둥산이던 시절에 아카시나무는 중요한 땔감이었으나 일제강점기 총독부의 산림정책에 대한 거부감으로 아직도 홀대받고 있는 것 같다. 아카시나무는 왕성한 번식력으로 우리나라 소나무 자리까지 파고들어 수목 질서를 교란하는 주범으로 알려져 있지만 국내에서 자생하는 아카시나무의 수명은 40~50년이어서 생태계를 심하게 교란하지는 않는다고 한다.

아카시나무의 꽃에는 향기 좋은 꿀이 듬뿍 들어 있는데 아름다운 색과 고급스러운 맛으로 벌꿀의 여왕이라고 불릴 정도로 인기가 많다. 아카시꽃이 활짝 피어 향기와 꿀이 약해지기 전에 술을 담그는 것이 좋다.

| 마시는 방법 | 꽃술은 대개 맛보다는 향으로 즐기지만 아카시꽃술은 향기도 좋고 맛도 좋다. 먼저 스트레이트잔에 차갑지 않은 아카시꽃술을 담아 단숨에 들이켜 알코올의 알싸한 맛과 꿀맛의 여운을 느껴보자. 그리고 입구가 넓은 잔에 술을 1/3 정도 담아 잔에 넓게 퍼진 술의 표면에서 올라오는 향을 느끼면서 조금씩 나누어 마셔보자. 좀 더 여성적인 부드러움을 원한다면 잔 벽면에 아카시꿀을 바르고 얼음을 몇 개 넣어 마시는 방법도 있다.

Section 04   딸기주

시기 3~5월, 사계절

재료 딸기 1kg, 소주(35%) 1.8L, 설탕 200~300g, 레몬 또는 귤 1개

1 딸기는 그대로 넣어도 좋고 반으로 잘라서 넣어도 보기 좋다.

2 레몬은 껍질을 벗긴 후 알맹이만 사용한다. 용기에 딸기 1kg, 35% 소주 1.8L, 레몬 1개를 넣고 설탕을 좀 많이 넣는 것이 맛이 좋다.

3 2주 정도 지나면 건더기는 건져낸다.

지역 특산물 농가에서는 체험농장을 열고 다양한 이벤트로 관광객을 모은다. 그중에 딸기체험농장도 많다. 3~4월경 하우스농가에 1만 원 정도 체험비를 내면 딸기 한 팩을 받고 딸기를 직접 따서 먹을 수 있다.

딸기는 풍매화꽃가루가 바람에 운반되어 수정되는 꽃라 하우스에서는 꿀벌을 키우는데 정작 딸기꽃에는 꿀이 없어 벌통에 꿀을 넣어주어야 한다. 꼭지부분의 잎들이 위로 올라간 딸기가 맛있는데 술을 담그는 딸기는 잘 익은 것이 좋다. 딸기로 만든 술은 딸기의 향이 강하고 색 또한 아름답지만 신맛이 부족하므로 레몬이나 매실을 조금 넣으면 더 맛있다.

| 마시는 방법 | 딸기주는 맛보다는 향이 강한 술이다. 그래서 감미료를 많이 넣어 달콤하게 만들면 좋다. 먼저 화끈한 알코올의 즐거움과 딸기향의 화사함을 느껴보고 싶다면 딸기주를 냉장고에 넣어 차갑게 한다. 그리고 스트레이트잔에 따라서 단숨에 입에 털어넣으면 딸기향이 강하지 않으면서 은은하게 알코올과 어울린다. 더운 여름에는 음료수잔에 얼음을 채우고 딸기주를 스트레이트잔으로 2~3잔 넣은 다음 탄산음료수를 넣어 잘 저으면 톡톡 쏘는 청량감에 딸기향이 섞여서 맛이 좋은 칵테일이 된다. 여기에 생딸기를 갈아서 넣으면 더 좋다.

Section 05   앵두주

시기 6월

재료 앵두 1kg, 소주(35%) 1.8L, 감미료 200~300g

1 앵두는 알알이 따서 잘 씻은 후 체에 밭쳐 물기를 뺀 다음 사용한다. 앵두는 신맛과 단맛이 어우러져 있지만 감미료를 첨가하면 더욱 맛있는 술이 된다.

2 용기에 앵두 1kg, 소주 35% 1.8L, 감미료를 넣은 후 잘 밀봉하여 직사광선이 비치지 않는 서늘한 곳에 보관한다.

3 2~3개월이 지나면 마실 수 있다. 앵두는 그 모습이 매우 예쁘고 재료가 단단하여 술이 탁해지지 않으므로 건더기를 건져내지 않고 장식용으로 보관해도 좋다.

앵두는 크기가 작은데다 씨앗도 커서 씨를 발라내면 입안에 남는 것이 별로 없지만 새콤한 과즙은 다른 어떤 과일보다 맛있다. 앵두가 새빨갛게 익어가면 그 자태는 고혹적이기까지 하다. 그래서 앵두나무는 남의 손이 타지 않을 만한 집 뒤뜰이나 잘 보이지 않는 곳에 심었다. 앵두나무는 크지 않고 과일나무 중에서 잔가지가 많은 편이며 열매가 많이 열린다. 그래서 앵두나무를 찾으면 한 나무에서 많은 양을 채취할 수 있다. 앵두는 크기가 작아서 따기 힘들며 씨가 커서 먹을 것도 없으니 오히려 술의 재료로 제격이다.

앵두는 직접 채취하지 않으면 얻기가 어렵지만 제철인 6월에 대형마트에서도 가끔 판매하고 재래시장에서도 구입할 수 있다. 앵두는 출하 기간이 짧기 때문에 출하 시기인 6월경에 서둘러야 술을 담글 수 있다.

| 마시는 방법 | 앵두주는 설탕을 많이 넣어 만들면 색이 예쁘고 맛도 새콤달콤한 술이 된다. 차갑게 한 술을 스트레이트잔에 따라 단숨에 마셔도 좋고, 입구가 넓은 언더록스잔에 따라 향을 최대한 즐기면서 홀짝홀짝 마셔도 좋다. 얼음을 넣어 입안에 앵두향이 시원하게 퍼지도록 하여도 좋다. 언더록스로 마실 때에는 각얼음보다는 한 덩어리로 된 큰 얼음이 천천히 녹고 멋도 있다. 큰 얼음은 종이컵에 물을 2/3 정도 담아 얼린 다음 송곳으로 모서리 부분을 둥글게 다듬어 만든다. 이렇게 만든 큰 얼음을 크기가 큰 만큼 녹아 나오는 물의 양이 많지 않아서 희석되는 정도가 덜해 더 강렬한 맛을 느낄 수 있다. 시간이 지나면 조금씩 흘러나온 물에 술이 희석되면서 조금씩 부드러워지는 술맛을 느끼는 것도 즐겁다.

Section 06   살구주

시기 6~7월

재료 살구 1kg, 소주(35%) 1.8L, 설탕 400~500g

1 살구는 완숙 직전의 단단한 것을 구입해 물에 잘 씻은 후 깨끗한 수건으로 물기를 닦아낸다. 살구는 반으로 잘라 사용해도 되지만 용기의 입구가 넓으면 자르지 말고 그대로 담그는 것이 보기에 좋다.

2 용기에 살구 1kg과 35% 소주 1.8L를 붓고 설탕을 넣는다.

3 용기는 잘 밀봉해 서늘한 곳에 둔다.

살구나무는 중국이 원산지이나 우리에게는 복숭아, 자두와 함께 친숙한 과일이다. 매실나무가 매향梅香을 즐기는 선비들의 나무라면 살구나무는 질박하게 살아온 서민들과 함께한 나무라고 하는데, 이는 춘궁기가 막바지인 초여름에 열매가 잔뜩 열리고 씨앗인 행인은 약으로 쓸 수 있어서이다. 살구는 매실과 아주 비슷하게 생겼다. 이런 비슷한 생김새를 악용하여 매실 가격이 비쌀 때 풋살구를 매실로 속여서 파는 일도 있었다. 딱딱한 핵과가 과육과 잘 분리되면 살구이고 잘 분리되지 않으면 매실이라고 보면 된다.

살구는 배고픈 시절에는 향수를 불러올 만큼 친숙한 과실이었지만 요즘에는 사과, 복숭아, 자두처럼 많이 먹는 과일은 아니다. 과일 맛은 입맛을 자극하지 않지만 술로 담가 마시면 그 맛이 확 달라진다. 술을 담글 때는 너무 익은 것보다는 완숙 직전의 단단한 열매를 사용한다.

| 마시는 방법 | '아마레토(Amaretto)'라는 리큐어는 아몬드리큐어이지만 살구씨를 사용하여 살구향과 맛을 낸 리큐어이다. 이 리큐어와 스카치위스키를 섞으면 '갓파더(God father)'라는 유명한 칵테일이 된다. 살구주는 새콤달콤하여 얼음만 몇 개 넣어 마셔도 기분이 좋아지지만 갓파더 칵테일을 응용하여 마시는 방법도 괜찮다. 입구가 넓은 온더록스잔에 얼음 몇 개를 넣고 위스키 1잔과 살구주 1잔 그리고 꿀이나 시럽을 넣고 잘 저으면 살구향이 솔솔 피어나면서 위스키에서 풍기는 오크향과 단맛이 잘 어우러져 꽤 맛있는 칵테일이 된다.

s p e c i a l

아미그달린 걱정은 이제 그만!

매실이나 살구로 술을 담그거나 설탕을 넣고 청을 만들 때, 사람들 사이에 약간 논쟁거리가 있다. '씨앗을 빼내고 담그는 것이 좋다', '씨에는 독이 있으니 오래 침출시켜서는 안 된다', '씨의 독은 화학작용으로 중화되니 괜찮다.' 이런 논쟁은 열매의 씨에 있는 독성물질인 아미그달린 때문에 생겨났다.

아미그달린amygdalin은 살구, 복숭아, 매실 등 핵과류의 열매에 있는 시안화합물로 씨에는 대부분 들어 있고 미숙과는 씨는 물론 과육에서도 검출된다. 아미그달린은 β-글루코시다아제β-glycosidase라는 소화효소에 의해 시안화수소산HCN과 카르보닐화합물로 분해된다. 시안화수소산은 속칭 '청산'으로 세포 내에서 에너지 생산과 관련 있는 시토크롬 산화효소와 결합해 ATP생성과 산소이용을 방해함으로써 결국 급성독성을 나타내게 된다.

과육에 있는 아미그달린은 열매가 익어감에 따라 농도가 낮아져 완숙단계가 되면 거의 없어진다. 먹었다 하더라도 어느 정도는 몸 안의 효소에 티오시안산염으로 전환되어 배출된다. 열매의 씨앗을 함께 술을 담그거나 매실청을 만들어도 시간이 지남에 따라 술, 설탕 등과 작용해 없어진다. 따라서 씨앗의 독성 성분에 대한 논쟁은 안 해도 될 것 같다.

경기도 보건환경연구원에서는 매실을 이용해 술을 담그거나 매실청을 만들 때 시간에 따른 아미그달린의 농도변화를 연구한 결과를 발표하였다. 매실로 술을 만들 때 100일 전후에 건더기를 꺼내야 아미그달린 성분이 침출되지 않는다는 얘기가 많은데 연구결과에 따르면 건더기를 꺼내지 않아도 1년 후면 아미그달린은 모두 분해되어 없어진다고 하니 충분히 숙성시키면 안심하고 먹을 수 있다. 그리고 30% 소주를 사용하면 100일 전후 아미그달린 함량은 253.2mg/kg으로 19.5% 소주보다는 조금 높게 검출되었지만 미미한 수치이니 소주의 알코올도수와 아미그달린은 큰 상관이 없다.

Section 07 오디주

시기 6월

재료 오디 1kg, 소주(35%) 1.8L, 레몬 1개, 감미료 200~300g

1 오디는 씻을 수가 없으니 그대로 사용한다.

2 용기에 오디 1kg과 감미료를 넣은 후 레몬을 첨가한다. 레몬은 껍질을 벗긴 후 알맹이만 이등분하여 용기에 넣는다.

3 35% 소주 1.8L를 부은 후 밀봉하여 직사광선이 비치지 않는 서늘한 곳에 둔다.

4 1개월이 지나면 오디는 여과용 망에 넣고 짜낸다. 짜낸 술은 많이 탁하지만 색이 진해 잘 구분되지 않는다. 냉장고에 넣어 침전되면 맑은 부분만 따라내어 보관한다.

뽕나무는 버릴 게 하나도 없다. 열매인 오디는 단맛과 향이 좋아 즐겨 먹으며, 잎은 누에의 먹이로, 나무껍질은 염료로, 목재는 뒤틀림이 적어 가구나 악기 등의 재료로 그리고 뿌리와 껍질을 벗겨 말린 상백피는 약재로 쓰인다. 뽕나무 잎을 먹고 자란 누에의 고치에서 뽑은 견사로 만든 실크는 촉감과 기능면에서 최고급 의류 소재다. 재래종 뽕나무인 꾸지뽕나무는 암에 특효가 있다고 하여 꾸지뽕나무 껍질에 물을 넣고 달여 마시기도 한다. 그래서 뽕나무는 버릴 게 하나도 없다.

뽕나무 열매인 오디는 하나하나 따야 하는데 일단 따면 쉽게 물러져서 운송과 보관이 어렵다. 그래서 산지에서는 오디를 따자마자 얼려서 냉동상태로 보내준다. 오디는 술로도 담가 먹지만 설탕을 넣고 잼이나 오디청도 만들어 먹는다. 오디청을 만들고 남은 오디 찌꺼기에 소주를 부어 오디주를 만들면 달콤한 오디주가 된다. 오디를 꽉 짜서 거른다고 해도 그대로 버리기에는 아까우니 소주를 부어 한 번 더 우려 먹는 것이다.

| 마시는 방법 | 오디는 시장에 가면 과일진열대에서 쉽게 구입할 수 있는 열매는 아니다. 산지에서 따자마자 냉동시켜 택배로 받는 방법이 일반적이라 생오디의 맛을 표현하기가 애매하다. '포도맛은 포도맛이지'처럼 많은 사람이 맛을 알고 있는 어떤 과일과 맛이 비슷하다면 쉽게 설명이 가능한데 오디는 맛을 설명하기가 어렵다. 오디는 산딸기, 복분자와 함께 베리류에 속하는 과실로 산딸기맛과 비슷하면서 포도맛도 난다. 그래서 오디주는 냉각하지 않은 술을 입구가 넓은 온더록스잔에 조금 따라서 술이 잔 벽을 타고 흐를 수 있도록 가볍게 돌려준 다음 최대한 향을 느껴보고 맛을 감상해보는 방법이 좋다. 오디주의 맛과 향이 그려진다면 얼음을 첨가하거나 소다수를 넣어 청량감을 더해서 마시는 방법 등 다양한 방법으로 기호에 맞게 칵테일로 즐기면 좋다.

Section 08   매실주

시기 6월

재료 매실 1.5kg, 소주(35%) 1.8L, 감미료 500~700g

술을 담글 때에는 청매로 열매가 단단한 것을 사용한다.

1 매실은 물에 깨끗하게 씻은 다음 그늘에 물기를 말려서 사용한다.

2 용기에 매실 1.5kg, 35% 소주 1.8L, 감미료를 넣고 밀봉하여 직사광선이 들지 않는 곳에 보관한다.

3 가능하면 1년간 숙성한 후에 마시는 것이 좋다.

배가 살살 아플 때 매실청에 물을 타서 마시면 개운해진다. 그래서 매실이 나오는 5~6월이면 청매실을 잔뜩 사서 설탕에 절여 매실청을 많이 만든다. 매실은 효능이 다양하여 이름도 여러 가지다. 덜 익은 청매는 주로 매실청이나 침출주를 만들 때 사용하고, 노랗게 잘 익은 것은 황매는 와인과 같은 술을 빚을 때 사용하면 좋다. 청매를 짚불에 말린 것은 오매, 소금물에 담갔다가 햇볕에 말린 것은 백매, 증기에 찐 다음 말린 것은 금매라고 한다. 알칼리성 식품인 매실은 유기산 함량이 높고 각종 미네랄 성분도 풍부하여 차, 술, 주스 등의 음료뿐만 아니라 건강보조식품도 다양하게 출시되고 있다.

| 마시는 방법 | 매실주는 가정에서도 많이 만들어왔으며, 주류업체에서도 매실을 이용한 다양한 술을 판매하고 있어서 국내에서는 대중적인 술 중 하나이다. 매실주는 매실의 향보다는 새콤달콤한 독특한 맛을 느낄 수 있는 스트레이트나 언더록스로 마시는 것이 좋다. 스트레이트로 마실 때에는 매실의 거친 맛을 눌러줄 수 있게 술병을 차게 하는 것이 좋다. 칵테일로는 보드카나 위스키와 잘 어울리며 탄산수를 넣어 청량감 있게 마셔도 좋다.

Section 09   버찌주

시기 6월

재료 버찌 500g, 소주(35%) 1.8L

1 버찌열매는 가볍게 잡고 돌리면서 따면 쉽게 채취할 수 있다.

2 용기에 버찌 500g, 35% 소주 1.8L를 붓고 잘 밀봉하여 보관한다.

3 3개월이 지나면 건더기를 건져낸다.

봄을 화려하게 장식하는 꽃나무로는 벚나무를 빼놓을 수 없다. 벚나무의 꽃은 꽃봉오리가 열리기 시작해서 1주일 정도밖에 안 가지만 꽃이 떨어질 때는 작은 꽃잎 다섯 장이 하나하나 떨어지므로 그 모습이 장관이다. 그래서 꽃나무에서 피워내는 꽃을 일일이 헤아려본다면 그 어떤 나무의 꽃과도 비교할 수 없을 만큼 많고 화려하다. 벚나무의 목재는 탄력있고 조직이 치밀해서 건축 내장재로 쓰여왔다. 특히 팔만대장경의 60% 정도가 산벚나무로 만들어졌다고 한다.

버찌는 벚꽃나무의 열매로 화려한 꽃이 지고 나면 열리기 시작하는데, 붉은색에서 검은색으로 익어간다. 버찌는 벚꽃의 화려함에 가려 제 가치를 인정받지 못하고 있는데, 생리활성효과가 높은 안토시아닌이 풍부하여 음료수로도 개발되고 있다.

술을 담글 버찌는 깨끗한 곳에서 채취하는데, 열매가 작고 알알이 따야 하므로 시간이 많이 걸린다. 이때 터져서 옷에 묻으면 잘 지워지지 않으니 조심해야 한다. 버찌는 깊고 은은한 맛과 향이 일품이지만 신맛이 부족하니 덜 익어 붉은색인 것도 같이 넣으면 좋다.

| 마시는 방법 | 버찌의 향은 독특하면서도 매력적이다. 강하지 않으면서 은은한 향과 제법 묵직한 맛이 난다. 입구가 넓은 언더록스잔에 차갑지 않은 버찌주를 조금 담고 흔들어주면 버찌의 은은한 향이 잘 느껴진다. 여기에 깨끗한 물을 몇 방울 떨어뜨리면 향이 더욱 풍부해진다. 버찌는 주위에 흔하게 널려 있는 과실과는 맛이 다르니 버찌가 익어가는 6월에 꼭 만들어보자.

Section 10   자두주

시기 7월

재료 자두 1kg, 소주(35%) 1.8L, 레몬 1/2개,
설탕 약간

1 자두는 새콤달콤한 맛이 나는 것을 구입
한다. 자두를 물에 깨끗하게 씻은 후 수건
으로 물기를 닦아낸 후 용기에 담고 35%
소주 1.8L와 기호에 따라 설탕을 넣는다.

2 자두의 신맛이 부족하다고 생각되면 레
몬을 넣는데 껍질은 벗겨내고 과육만 이등
분하여 넣는다.

3 3개월 정도 지나면 건더기를 건져내고
술이 탁하면 냉장고에 1~2일 보관하여 찌
꺼기를 침전시킨 후에 맑은 술만 따라 보관
한다.

자두나무는 따스한 봄날에 잎보다 먼저 하얀 꽃을 피운다. 그래
서 옛사람들은 복숭아와 함께 봄을 상징하는 오얏꽃에 대한 시를
많이 썼다. 자두는 빛깔이 짙은 자주색 자두, 연초록색으로 과육
이 단단하면서 크고 과즙이 많은 자두, 과육이 피처럼 붉은 피자
두 등 종류가 많다. 술을 담그기에는 어떤 종류라도 괜찮지만 너
무 익어 무른 자두보다는 단단하고 신맛이 적당히 있는 자두로
담가야 맛이 있다.

| **마시는 방법** | 자두는 종류가 다양하고 맛이 다르기에 술맛과 색도 종
류마다 다르다. 새콤달콤한 자두로 만든 술은 얼음 몇 개만 넣어 시원하게
마시면 좋다. 좀 더 청량감을 원한다면 하이볼잔에 얼음을 채우고 자두주
를 1/3 정도 담은 뒤 나머지는 소다수로 채워서 마시면 된다. 달콤한 청량
감이 좋다면 사이다 같은 탄산음료를 넣으면 된다.

liqueur

S e c t i o n   1 1   복분자주

시기 6~7월

재료 복분자 1kg, 소주(35%) 1.8L, 설탕 500g

1 복분자는 씻지 않고 술을 담근다. 복분자 1kg을 용기에 담고 감미료 500g과 35% 소주 1.8L를 부은 후 밀봉하여 직사광선이 비치지 않는 곳에 보관한다.

2 2개월이 지나면 복분자는 여과용 망에 넣어 가볍게 짜면서 거른다. 건져낸 복분자에 다시 소주 약 0.5L를 붓는다. 복분자는 두 번 우려내도 맛과 향이 충분하다.

3 1개월 정도 지나면 재탕한 복분자는 여과용 망에 넣어 짜면서 거른다.

4 처음 받아낸 복분자술과 재탕한 복분자술을 섞은 후 냉장고에 1~2일 보관하여 찌꺼기를 침전시킨다. 맑은 부분만 따라내어 다른 병에 담아 밀봉해서 보관한다.

복분자覆盆子라는 말은 한방에서 사용하는 용어로 나무딸기류의 덜 익은 열매를 쪄서 말린 한약재를 말한다. 한자는 엎어질 복覆자에 동이 분盆자인데, 동이 분盆을 요강 분盆이라고도 한다. 복분자술을 마시면 힘이 좋아져 요강이 뒤집힌다는 이야기가 있다. 『동의보감』에는 복분자딸기의 미숙과는 강정 및 간 보호에 효능이 있고 눈을 밝게 하며, 기운을 돋고 성기능을 높여주며, 흰머리를 검게 해주는 효능이 있다고 했다. 복분자는 따는 순간 물러지면서 발효가 진행되기 때문에 산지에서는 따자마자 냉동해서 택배로 보내준다. 복분자 출시 시기가 장마철과 겹치는 경우가 많아서 하우스재배 복분자가 아니면 장마가 시작되기 전에 구입하여야 맛이 좋다.

복분자는 오디처럼 한번 술 만들고 버리기에는 아까운 재료이다. 건져낸 재료에 다시 술을 붓고 두 번 우려내도 좋지만 설탕을 넣어 복분자청을 만들고 남은 복분자 찌꺼기에 소주를 부어서 술을 만들어도 훌륭한 복분자술이 만들어진다.

| 마시는 방법 | 복분자는 다른 과실에 비해 산도가 높지만 먹기에는 부담이 느껴지지 않는다. 복분자는 남성적인 강렬함과 여성적인 부드러움을 동시에 갖고 있다. 짙은 자줏빛에 맛이 강렬하지만 부드러운 뒷맛과 은은한 향이 입안을 감싸는 부드러움도 지녔다. 복분자술은 삼겹살과 같은 기름기 많은 음식과도 잘 어울린다. 술을 시원하게 하여 스트레이트로 마시는 방법이 복분자의 강렬함과 부드러움을 느끼기에 안성맞춤이다. 더운 여름에는 얼음을 갈아서 탄산수와 섞어 마시면 청량감을 느낄 수 있으며, 단순하게 막걸리와 섞어 마셔도 잘 어울린다.

liqueur

S e c t i o n 1 2   포도주

시기 8~11월

재료 포도 1kg, 소주(35%) 1.8L, 감미료 500g

1 포도송이를 흐르는 물에 흔들어 씻은 다음 체에 밭쳐 물기를 뺀다.

2 용기에 포도를 한 알씩 따서 넣고 감미료와 소주를 부은 뒤 잘 밀봉하여 직사광선이 비치지 않는 곳에서 숙성시킨다.

3 3개월이 지나면 여과용 망에 넣고 가볍게 짜준다. 술이 탁하면 냉장고에 1~2일 보관해 침전시킨 후 맑은 부분만 병에 담아 밀봉하여 숙성시킨다.

포도로 만드는 술은 와인이라고 한다. 포도가 땅에 떨어져 야생효모에 의해 자연스럽게 술이 만들어졌을 거라 생각되는 최초의 술이기도 하다. 국내에서 흔한 적색 포도는 캠벨얼리와 MBA머루포도 품종이다. 국내에서 재배하는 포도는 와인을 만드는 양조용 품종이기보다는 식용포도이다. 외국 포도품종인 카베르네 소비뇽Cabernet Sauvignon, 메를로Merlot, 가메Gamay 등의 양조용 포도보다는 당도가 낮고, 와인으로 만들었을 때 향과 맛도 덜하다. 캠벨얼리는 가장 흔한 식용포도로 여우취Foxy flavour와 신맛이 강하다. MBA는 캠벨얼리가 끝나갈 즈음 나오는 포도로 당도가 높고 향이 좋아 국내 포도 중에서는 와인을 만들기에 좋은 재료이다.

포도를 으깬 다음 설탕을 넣어 당을 높이고 와인효모를 넣어 발효시키면 와인을 만들 수 있고, 설탕과 포도를 1 : 1로 넣어두면 포도청을 만들 수 있다. 소주를 붓고 기다리면 와인과는 다른 침출주 형태의 포도주를 만들 수 있다.

| 마시는 방법 | 포도를 으깬 다음 효모를 넣어 발효시켜 만든 와인은 발효과정에서 향과 맛이 더해지고 다른 와인과 브랜딩을 거쳐 맛과 향이 복잡해진다. 그러나 여기서 만드는 포도주는 포도에 소주를 부어서 만든 술로, 원재료인 포도의 맛에 충실하고 알코올도수가 높아서 알코올에 대한 부담감이 있다. 그래서 레드와인은 일반적으로 15~20도 정도가 적당하지만 침출주 형태의 포도주는 소주의 거친 맛 때문에 좀 더 차갑게 마시는 것이 좋고 꿀이나 설탕을 넣어 달콤하게 마시는 것이 부담이 없다.

special

포도와인(발효주)

와인은 '웰빙'이라는 트렌드가 확산되면서 우리에게 친숙해진 술이다. 포도에 소주를 부어 만드는 침출주보다는 시간과 정성이 많이 필요하지만 소주에 대한 거부감이 없고 발효를 거치면서 만들어지는 포도의 향과 맛이 매우 매력적이다. 여기서는 포도를 으깬 뒤 효모를 넣어 알코올발효를 시켜 포도와인을 만들어보자. 국내에서는 양조용 포도를 구하기 힘들기 때문에 쉽게 구할 수 있는 식용포도인 캠벨얼리나 MBA로 알코올도수 12%의 레드와인을 만들어보자. 캠벨얼리는 당도는 낮지만 상큼하고 과일향이 풍부하여 보졸레누보 같은 와인을 만들 수 있다. MBA는 당도가 높고 맛이 담백하여 품질이 뛰어난 와인을 만들 수 있다.

재료 포도 25kg, 와인효모 5g, 백설탕 1.3~2.3kg, 벤토나이트 10g, 피로아황산칼륨 5g, 1·2차 발효통, 공기차단기, 비중계 또는 당도계, 거름망

1 잘 익은 포도를 구입하여 알이 상하거나 터진 것은 제거한다. 줄기를 제거하고 발효통에 알알이 따서 담은 후 주물러서 으깬다. 레드와인은 껍질과 씨를 함께 넣고 발효시키므로 충분히 으깬다.

2 캠벨얼리 포도는 해마다 다르지만 당도가 약 14%이며, MBA(머스캣베일리에이)는 당도가 18% 정도이다. 와인을 만들기에 적당한 당도인 24%로 당도를 높이기 위해 백설탕을 넣는다. 캠벨얼리 포도는 백설탕을 2.2~2.3kg 넣어주며, MBA 포도는 백설탕을 1.3~1.4kg 넣는다. 백설탕을 넣은 후에는 잘 녹도록 충분히 저어준다.
위의 백설탕 첨가량은 당도를 캠벨얼리는 14%, MBA는 18%로 가정하고 계산한 양이므로, 포도를 구입한 후 당도를 측정하여 아래 공식으로 계산하면 정확한 첨가량을 알 수 있다.
설탕첨가량(g)≒(원하는 당도−포도의 당도)×8×포도무게(kg)

3 피로아황산칼륨(아황산염)을 2~4g 첨가한다. 피로아황산칼륨을 넣으면 포도색이 약간 변색되지만 시간이 지나면 원래의 색으로 돌아온다.
포도에는 야생효모뿐만 아니라 각종 유해균도 있을 수 있다. 그래서 살균제인 피로아황산칼륨(아황산염)을 첨가하여 야생효모와 유해균을 제거하고 우량종을 배양한 와인효모를 넣으면 품질이 일정한 와인을 만들 수 있다. 피로아황산칼륨을 넣지 않고 야생효모로 발효시켜 와인을 만든다면 이 과정은 생략해도 된다. 와인은 야생효모로만 발효시켜도 잘 만들어진다.

4 피로아황산칼륨(아황산염)을 첨가한 후에는 최소한 5시간이 지난 뒤 와인효모를 넣어야 한다. 피로아황산칼륨을 첨가하지 않았다면 바로 효모를 넣으면 되는데, 효모는 미지근한 물에 효모 5g을 넣고 약 30분이 지난 후 사용한다. 효모는 일반적으로 건조효모를 사용하는데, 포

도파쇄즙에 직접 뿌리기보다는 안정화해서 사용하는 것이 좋다. 깨끗한 그릇에 미지근한 물 100mL와 효모를 넣고 30분 정도 지난 후에 사용한다.

5 발효통의 뚜껑을 닫고 공기차단기를 설치한다. 1~3일 지나면 발효가 활발해지면서 알코올과 탄산가스가 생성되는데, 탄산가스는 포도껍질을 밀어올려 표면에 떠오르게 한다. 하루에 한두 번 뚜껑을 열고 국자나 긴 스푼 등으로 떠오른 포도껍질을 가라앉혀준다. 그래야 표면에 떠오른 껍질이 공기와 접촉해서 곰팡이가 생기는 것을 막을 수 있으며, 껍질과 씨에서 색깔과 타닌성분 등이 잘 침출된다. 발효온도는 20~25도 사이가 적당하며 30도가 넘으면 발효가 정상적으로 일어나지 않을 수 있으니 시원한 곳으로 옮겨 온도를 낮춰준다.

6 발효를 시작한 지 1주일 정도면 활발한 발효과정은 끝난다. 포도껍질과 씨에서 색, 타닌성분 등을 충분히 얻었으므로 걸러주는데, 나일론 재질의 망을 이용하여 빠른 시간 내에 거른다. 포도를 25kg 사용하면 와인을 17~18L 얻을 수 있다.

7 여과한 와인은 카보이나 생수통에 옮겨 담아 피로아황산칼륨 1g을 넣고 잘 섞어준다. 피로아황산칼륨은 여과과정에서 오염이나 공기 접촉으로 발생할 수 있는 산화를 방지하기 위해서 넣어준다. 카보이나 생수통에 와인을 옮겨 담을 때 입구까지 채우면 2차발효 때 넘칠 수 있으니 어느 정도 빈 공간을 남겨둔다. 여과한 와인이 남았으면 작은 용기에 따로 옮겨 담아 발효시킨다. 2차 발효는 2주 정도 걸린다.

8 2차 발효가 끝나면 사이펀을 이용하여 가라앉은 미세 찌꺼기가 딸려나오지 않게 다른 통에 옮겨 담는다. 그리고 2차 발효통을 깨끗하게 씻어서 다시 옮겨 담는다. 따뜻한 물에 벤토나이트 10g을 녹여 와인에 부은 후 공기차단기를 설치하여 보관한다.

＊6번 과정을 생략하고 5번 과정이 끝나면 벤토나이트를 첨가하여도 된다. 벤토나이트는 뚜껑이 있는 용기에 따뜻한 물과 벤토나이트를 넣고 뚜껑을 닫은 후 흔들면 잘 녹는다.

9 1개월 정도 지나면 효모와 포도 찌꺼기가 침전되어 와인이 점차 맑아지는데 아직 와인이 맑지 않으면 좀 더 시간을 두고 숙성시킨다. 술이 충분히 맑아졌을 때 사이펀을 이용하여 맑은 부분을 준비한 병에 담으면 포도와인이 만들어진다. 병에 담은 후 3개월 정도 더 숙성시키면 맛과 향이 좋은 와인이 된다.

Section 13 머루주

시기 8~9월

재료 머루 500g, 소주(35%) 1.8L, 설탕 100~200g

1 머루송이를 흐르는 물에 흔들어 씻은 다음 물기를 뺀다.

2 준비한 용기에 머루를 한 알씩 따서 넣고 설탕을 넣는다.

3 용기에 소주를 부은 후 잘 밀봉하여 직사광선이 비치지 않는 곳에 둔다.

4 3개월이 지나면 건더기는 여과용 망에 넣고 가볍게 짜준다. 술이 탁하면 냉장고에 1~2일 보관하여 침전시킨 후 맑은 부분만 병에 담아 보관한다.

머루는 알맹이가 작고 신맛이 강해 포도처럼 그냥 먹기에는 부담스럽지만 유기산과 무기질, 폴리페놀 성분은 포도보다 많이 들어있다. 우리나라에 자생하는 머루에는 머루, 왕머루, 까마귀머루, 새머루, 개머루 등이 있으며 흔히 머루라고 하는 것은 왕머루다. 포도보다 가격은 비싸지만 머루의 효능, 맛과 향은 매우 매력적이다. 소주를 부어 만드는 침출주 형태도 좋고 포도와인을 만드는 방법과 같이 머루를 으깨 효모를 넣어 만드는 머루와인도 좋다. 머루는 포도보다 당도가 높아 설탕을 거의 넣지 않아도 된다.

| 마시는 방법 | 머루주는 검붉고 진한 자줏빛의 매혹적인 술이다. 포도와는 향과 맛이 다르니 다른 술과 칵테일하기보다는 머루주만으로 마셔보는 것이 좋다. 침출주는 대개 소주를 부어 만들기에 완성된 술도 소주의 거친 맛에 대한 부담감이 있는데 복분자주나 머루주는 그 부담감이 덜하다. 머루주를 차갑게 하여 스트레이트로 마셔보면 머루의 매력을 느낄 수 있으며, 글라스에 얼음을 넣고 복분자주와 칵테일하여도 좋다. 복분자의 새콤함과 강한 향이 머루와 잘 어울린다.

Section 14 사과주

시기 사계절

재료 사과 1kg, 소주(35%) 1.8L, 레몬 1개

1 사과는 껍질째 술을 담그기 때문에 깨끗하게 잘 씻은 후 수건으로 물기를 닦는다. 용기에 들어갈 정도의 적당한 크기로 자르는데 씨는 제거한다.

2 준비한 용기에 사과 1kg, 껍질을 벗겨낸 레몬, 소주 35% 1.8L를 부은 후 밀봉하여 직사광선이 비치지 않는 곳에 보관한다. 사과는 공기와 접촉하면 갈변이 일어나므로 용기 입구까지 술로 꽉 채운다.

3 3개월이 지나면 건더기를 건져낸다. 사과는 단단해서 건더기만 건져내도 맑은 술을 얻을 수 있다.

4 맑은 술은 병에 담아 밀봉하여 보관한다.

눈동자는 영어로 apple of the one's eyepupil라고 하는데 눈동자라는 뜻 말고도 매우 소중한 사람이라는 뜻도 있다. 그래서 사과는 예부터 부귀와 사랑의 상징으로 조상의 제사에 빠지지 않았고 나무는 땔감으로 지피지 않을 정도로 대접을 받았다. 사과는 쓰임새가 광범위하여 평과라고도 불린다. 사과는 그냥 먹기에도 좋지만 술을 담그면 사과 특유의 산뜻한 맛과 은은하게 풍기는 향이 좋다. 사과의 종류는 전 세계적으로 7,000종이 넘는다고 한다. 국내에서도 후지, 홍옥, 국광, 감홍, 아오리 등 많은 품종의 사과가 재배되는데 술을 담그기에는 단맛은 물론 적당한 신맛이 있는 사과가 좋다. 그중에서도 빨간색이 먹음직스럽고 신맛이 강하여 임산부사과라 불리는 홍옥이 술을 만들기에 좋다. 홍옥은 1960~1970년대에는 국광과 함께 전체 사과 생산량의 80% 이상을 차지하였으나 점차 생산량이 줄어들어 요즘은 보기가 어렵다.

| 마시는 방법 | 사과주는 최소한 3개월은 침출·숙성을 시켜야 참맛을 느낄 수 있다. 흔히 신맛, 단맛 등을 느낄 수 있지만 본래 사과의 맛 자체는 차분한 편이다. 은은하게 풍기는 사과향을 느끼면서 스트레이트로 마시는 것이 좋으며 얼음을 넣어 시원하게 마셔도 좋다.

식초 만들기

식초는 예부터 우리 식생활에서 다양하게 이용되어온 발효식품이다. 최근 식생활문화가 향상되고 건강에 대한 관심이 높아지면서 식초는 조미료라는 개념에서 벗어나고 있다. 음료수 마시듯이 물에 식초를 타서 마시는 일은 이제 평범한 식습관이 되었으며, 독한 소주에 식초를 타서 부드럽게 마시는 칵테일도 평범한 술 음용방법이 되었다.

식초는 초산발효로 만들어지며, 주성분인 초산아세트산에 각종 유기산, 당류, 아미노산, 에스테르 등이 함유되어 있는 대표적 알칼리식품이다. 알코올발효는 산소가 없는 상태에서 효모가 포도당을 이용하여 알코올을 만드는 것이고, 초산발효는 산소가 있는 상태에서 초산균이 알코올을 이용하여 초산을 만드는 것이다. 그러므로 막걸리식초든 과일식초든 식초를 만들려면 먼저 알코올을

술이 잘 만들어져야
좋은 식초가 만들어지기 때문에 식초는
양조와 매우 밀접한 관련이 있다.

만들어야 한다. 술이 잘 만들어져야 좋은 식초가 만들어지기 때문에 식초는 양조와 매우 밀접한 관련이 있다.

식초는 초산균이 알코올을 이용하기 때문에 알코올 발효과정을 생략하고 과일과 같은 원료에 주정을 넣어 간편하게 만들 수도 있다. 이 방법으로 만든 식초가 양조식초이다. 이전에는 빙초산에 첨가물을 넣은 합성식초도 있었지만 이제는 생활수준이 향상되고 건강에 대한 관심이 높아지면서 첨가물을 넣지 않고 100% 과실이나 곡물을 알코올발효와 초산발효를 시켜 만드는 천연 양조식초가 각광을 받고 있다. 두 가지 발효과정에서 초산뿐만 아니라 다양한 향기성분과 맛성분, 몸에 유익한 성분이 만들어진다.

초산균Acetobacter은 알코올농도가 6~8% 정도인 것을 좋아한다. 그래서 과일이나 곡물로 천연식초를 만들 때에는 알코올발효를 시킨 다음 알코올농도가 높으면 물을 첨가해서 알코올농도를 6~8%로 낮춘 뒤 용기 입구를 천으로 감싸 공기가 통할 수 있도록 놔두면 초산발효가 일어난다.

재료 사과 350g, 소주 1병
매실이나 살구 등 과실로 만들어둔 술이 있으면 그 술로 식초를 만들 수 있다. 과실주는 보통 30~35% 소주를 부어서 만들기 때문에 과실로 만든 술의 알코올도수는 수분을 고려하면 20% 정도 된다.

과실주의 알코올도수가 20%라 가정하면 물을 1.5~2배 넣어주면 된다. 즉 술이 1L라면 물을 1.5~2L 넣어 희석해주면 알코올도수가 6~8% 정도 되어 초산발효가 일어나기 좋은 조건이 된다. 다만 물을 많이 넣으면 밋밋한 식초가 될 수 있다. 과실주를 도수가 낮은 소주로 담그면 희석하지 않고도 식초를 만들 수 있다.

사과 350g 정도에 16.8% 소주 1병을 넣으면 8~10% 알코올이 된다. 그러면 물로 희석하지 않아도 되어 좀 더 맛있는 식초를 만들 수 있다. 물론 이렇게 만드는 식초보다 과일의 즙으로 와인을 만든 다음 초산발효시켜 만드는 식초가 더 좋다.

1 사과 350g, 소주 16.8% 1병을 준비한다.

2 용기에 사과를 넣고 소주를 붓는다. 사과는 얇게 썰어 침출이 빨리 일어날 수 있게 한다.

3 용기를 밀봉하고 1~2주일 정도 둔다.

4 커피여과지로 사과를 걸러내고 공기 중의 초산균이 들어갈 수 있도록 충분히 젓는다.

5 벌레가 들어가지 못하게 고운 망으로 입구를 막아 보관한다. 시간이 지나면서 점차 초산농도가 높아져 식초가 된다.

S e c t i o n   1 5   탱자주

시기 9~10월, 수시(한약건재상에서 구입 가능)

재료 탱자 500g(말린 탱자는 200~250g), 소주(35%) 1.8L

1 탱자는 껍질째 사용하므로 깨끗하게 씻은 후 수건으로 물기를 닦는다.

2 준비한 용기에 탱자 500g을 그대로 넣거나 이등분하여 넣고 35% 소주 1.8L를 부은 후 밀봉하여 직사광선이 비치지 않는 곳에서 침출·숙성시킨다. 말린 탱자라면 200~250g 정도만 사용하여도 충분하다.

3 3개월이 지나면 건더기를 건져내고 밀봉하여 보관한다.

탱자나무는 예쁜 꽃을 피우고 가을에는 향기가 은은한 탐스러운 열매가 열린다. 가시가 있어 예전에는 울타리용으로 많이 심었다. 탱자나무는 아주 단단하기 때문에 윷을 만들기에도 제격이다. 탱자나무를 적당한 크기로 잘라 반을 쪼개면 가운데 물관세포가 드러나며, 사포로 매끈하게 다듬으면 멋진 윷이 된다.

탱자는 신맛이 강하여 생으로 먹기는 어렵다. 모과처럼 소쿠리에 담아 방향제로 사용하거나 유자처럼 차를 끓여 마시기도 하며, 반으로 잘라 말린 뒤 약재로도 사용한다. 탱자에 소주를 부어 술을 담그면 탱자의 강한 신맛과 특유의 쓴맛 그리고 향기가 적절하게 숙성되어 평범하지 않은, 매력있는 술이 된다.

| 마시는 방법 | 탱자주는 황색에 향이 강한 술이다. 스트레이트로 마시기보다는 글라스에 얼음을 넣고 차갑게 희석해서 마시는 것이 좋고 꿀이나 설탕을 넣어 달콤하게 만들어도 좋다. 탱자주는 맛이 씁쓸하고 떫어서 위스키나 브랜디에도 잘 어울린다. 위스키나 브랜디가 담겨 있는 잔에 탱자주를 조금 떨어뜨리면 오크통에서 숙성된 증류주의 달콤한 향과 잘 어우러져 맛있는 칵테일이 된다.

Section 16 배주

시기 9월부터(신고배는 사계절 구입 가능)

재료 배 1kg, 소주 35% 1.8L, 레몬 2개

1 껍질을 같이 사용할 경우에는 깨끗하게 씻은 후 수건 등으로 물기를 닦는다. 적당한 크기로 잘라 껍질을 벗겨 이등분한 레몬과 함께 넣어준다.

2 용기에 재료를 넣고 잘 밀봉하여 직사광선이 비치지 않는 곳에 보관한다.

3 배로 담글 경우 술을 용기 입구까지 채워 배가 술에 완전히 잠기게 하는 것이 좋다.

4 2개월이 지나면 건더기는 건져내고 맑은 술만 병에 담아 보관한다.

배는 신고, 황금배, 만삼길, 화산배, 영산배, 풍수 등 여러 품종이 있지만 국내에서는 신고배가 재배면적에서 우위를 차지하고 있다. 배는 수분이 많으며 맛이 시원하고 상큼해서 과육을 먹는 과일 중 하나이다. 특히 배에는 단백질 분해효소가 많아서 고기를 잴 때 고기가 연해지라고 배를 갈아서 넣기도 한다. 배나무 아래에 송아지를 매어놓았더니 송아지는 온데간데없고 고삐만 남았다는 이야기에도 소고기를 먹고 배를 먹으면 소화가 잘된다는, 고기를 연하게 한다는 배의 효소와 관련된 뜻이 담겨 있다.

배는 한자로 배나무 이梨를 쓰는데 이와 관련된 전통주도 몇 가지 있다. 이화주梨花酒는 걸쭉하여 마시기보다는 떠먹는 술인데, 배꽃을 넣어서 만드는 것이 아니라 배꽃이 필 때 누룩을 만들어 여름에 빚는 술이라 하여 붙여진 이름이다. 그리고 전북 무형문화재 제6-2호인 이강주梨薑酒는 배梨와 생강薑이 들어갔다 하여 붙여진 이름이다.

술을 담그기에는 단단한 신고배가 적당하며, 다른 과일에 비해 유기산이 적어 신맛이 부족하니 레몬 등으로 신맛을 보충해주는 것이 좋다.

| 마시는 방법 | 배주는 배 특유의 시원한 맛이 일품이다. 잘 익은 배에서 나오는 맛이 향이 은은하고 새콤달콤해 차갑게 하여 스트레이트로 마셔도 좋고 꿀이나 설탕을 넣어 좀 더 달콤하게 마셔도 좋다. 갈증이 날 때는 긴 글라스에 배주를 조금만 넣고 얼음과 탄산수로 채워서 마시면 시원하다. 탄산수 대신에 라거계열의 맥주를 넣어 마셔도 상쾌하게 즐길 수 있다.

Section 17   다래주

시기 10~11월

재료 다래 1kg, 소주(35%) 1.8L, 레몬 1개

1 다래는 흐르는 물에 가볍게 씻은 후 체에 밭쳐 물기를 빼거나, 깨끗한 수건으로 물기만 가볍게 닦는다. 다래는 신맛이 부족하므로 껍질을 벗긴 레몬을 같이 넣어준다.

2 준비한 용기에 다래 1kg과 35% 소주 1.8L를 붓고 레몬을 첨가한 후 밀봉하여 직사광선이 비치지 않는 곳에 보관하면서 침출·숙성시킨다.

3 2개월이 지나면 건더기는 건져낸다. 술에 부유물 등이 있어 혼탁하면 냉장고에 1~2일 보관하여 침전시키고 맑은 술만 병에 담아 보관한다.

다래는 머루와 함께 대표적인 야생과일의 하나로 국내에는 다래, 개다래, 섬다래, 쥐다래 4종이 있다. 단맛은 다른 수입 과일들보다 덜하지만 향수를 자극하는 추억의 열매이기도 하다. 흔히 다래라고 하면 참다래를 떠올린다. 참다래는 뉴질랜드에서 들어온 키위로 토종다래와 구분하기 위해 부르는 이름이다. 참다래는 겉에 털이 있는 반면, 토종다래는 매실처럼 겉면이 매끈하지만 잘라서 단면을 보면 참다래와 매우 비슷하다. 최근에 토종다래보다 3배 정도 무거운 신품종을 개발하여 강원도 지역에서 수확하고 있고 점차 재배지역을 늘려가고 있으니 마트에서도 좀 더 자주 다래를 볼 수 있을 것이다.

| 마시는 방법 | 다래주는 새콤달콤하면서도 쌉쌀한 맛이 느껴져 우리의 대표적 야생과실로 옛 추억을 떠올리기에 손색이 없다. 다래주는 다래의 향이 너무 강하게 느껴지지 않게 얼음을 채운 글라스에 담아 가볍게 희석하여 은은한 떫은맛과 새콤달콤한 맛을 즐겨보는 것이 좋다. 안주도 옛날 음식 한 가지를 곁들여보자.

Section 18 참다래(키위)주

시기 국내산은 10월~다음 해 5월. 그 외는 수입 참다래

재료 참다래 8~10개, 소주(35%) 1.8L, 설탕 100g

1 참다래는 껍질을 벗긴 후 준비한 용기의 입구에 들어갈 정도로 적당한 크기로 자른다.

2 준비한 용기에 손질한 참다래를 넣고 35% 소주 1.8L를 붓는다. 참다래는 단맛이 부족하여 감미를 해주는 것이 좋다.

3 잘 밀봉하여 보관한다.

4 참다래는 쉽게 무르기 때문에 침출시간이 비교적 짧다. 2주가 지나면 건더기를 건져낸다. 맑은 술은 다른 병에 담아 밀봉하여 보관한다.

키위 혹은 참다래로 불리는 양다래A. deliciosa는 뉴질랜드 사람이 중국에서 다래 유전자원으로 육성하여 전 세계에 퍼뜨렸다. 우리나라에는 1977년경 들여왔는데 내한성이 약해 주로 남쪽 지방에서 재배하고 있다. 토종다래는 크기는 작지만 양지나 음지 어느 곳에서도 잘 자라며, 내한성이 강하여 추운 지역에서도 재배가 가능한 장점을 살려 양다래 품종과 교배해 국내 기후에 적합하고 품질이 우수한 새로운 품종을 개발하여 보급하고 있다. 하지만 참다래 수요에 미치지 못해 아직은 수입에 의존하고 있다. 참다래는 2주 정도만 침출시켜도 맛과 향이 우러나와 빠른 시간 내에 만들어 마실 수 있으며 새콤하면서도 떫은맛이 매력적이다.

| 마시는 방법 | 참다래가 비타민 C가 풍부해서인지 참다래로 담근 술도 상큼하다. 스트레이트로 마시면 참다래의 풋풋한 향과 떫은맛을 잘 느낄 수 있으며, 얼음을 가득 채운 글라스에 참다래주를 조금 붓고 탄산수로 채워서 시원하게 마시는 방법도 좋다.

Section 19   체리주

시기 가을(수입해서 사계절 가능)

재료 체리 500g, 소주(35%) 1.8L, 설탕 200g

1 체리의 줄기부분을 제거하고 물에 잘 씻은 후 깨끗한 수건으로 물기를 닦는다.

2 준비한 용기에 체리 500g, 설탕 200g, 35% 소주 1.8L를 붓고 잘 밀봉하여 직사광선이 비치지 않는 곳에 보관한다.

3 3개월 정도 지나면 건더기를 건져내고 맑은 술은 병에 담아 밀봉하여 보관한다.

버찌는 벚꽃축제로 유명한 벚꽃나무에서 열리는 검은색 열매로 알이 작고, 앵두는 앵두나무에서 열리는 선홍색의 새콤달콤한 열매로 열매와의 연결대가 짧은 것이 특징이다. 체리는 버찌나무의 열매인데 버찌와 앵두보다는 크고 단맛이 강하다. 국내에서 판매되는 체리는 대부분 미국에서 수입한 것이다. 미국은 터키 다음으로 세계 2위의 체리생산국이다. 미국에서 생산되는 체리는 스위트sweet체리와 타트tart체리로 구분되는데 스위트체리는 단맛이 많아 생과일로 먹는다. 다양한 품종 중에서 'Bing'이라는 품종이 많이 수입된다. 타트체리는 안토시아닌 성분 덕분에 슈퍼과일로 꼽히지만 쉽게 상해서 생과일로 먹기 어려워 가공된 상태로 유통되고 있다. 국내에서는 영남과 경기 지방을 중심으로 체리를 생산하고 있지만 2011년 기준 수입량의 3.7%에 불과하다.

| 마시는 방법 | 체리는 사각사각한 식감에 달콤하여 맛이 좋은 과일이다. 체리주는 체리의 붉은색이 술에 녹아들어 오묘한 빛깔이 난다. 글라스에 얼음과 같이 담아낸 다음 위스키나 브랜디를 조금 넣어 마시면 좋으며, 생 체리를 거칠게 으깨어 넣으면 체리향이 좀 더 강하고 달콤한 칵테일이 된다.

Section 20   귤주

시기 11월~이듬해 5월(하우스귤과 한라봉까지 포함하면 사계절 가능하다)

재료 귤 1kg, 소주(35%) 1.8L

1 껍질까지 사용하려면 깨끗하게 씻어서 농약을 없앤다. 과육은 가로로 이등분하는 것이 보기에 예쁘다.

2 준비한 용기에 이등분한 귤 1kg과 35% 소주 1.8L를 붓고 잘 밀봉하여 직사광선이 비치지 않는 곳에서 침출·숙성시킨다.

3 2개월 정도 지나면 건더기는 건져내고 맑은 술만 병에 담아 보관한다.

우리가 즐겨먹는 귤은 귤나무의 열매로 제주도에서 많이 생산된다. 『고려사기』에 따르면 백제 문주왕 시대에 제주도의 감귤이 공물로 헌상되었다는 내용이 있는 것으로 보아 그 이전에도 제주도에서 감귤이 재배되었음을 알 수 있다. 현재 제주도에서 생산되는 품종은 대부분 20세기 초 일본에서 도입된 온주밀감류이다. 토종 품종은 10여 가지 확인된다고 하는데 그중 하나인 진귤의 껍질을 말린 것은 진피라고 하여 한의학에서는 없어서는 안 될 중요한 약재로 쓴다.

| 마시는 방법 | 귤은 구연산이 많은 과일로 술을 담그면 노란빛깔에 새콤한 맛이 많이 난다. 작은 잔으로 따라서 마시기보다는 글라스에 얼음을 잔뜩 넣고 귤주를 넉넉하게 담아 잘 저은 다음 시원하게 즐기는 것도 좋다. 귤을 넉넉하게 넣고 설탕도 좀 많이 넣어 만들었다면 오렌지리큐어인 큐라소 행세를 하기에도 부족함이 없다. 얼음을 가득 담은 잔에 보드카나 럼 같은 증류주를 같은 분량으로 넣고 달지 않은 탄산수를 채워 칵테일로 마시는 것도 좋다.

Section 21 　레몬주

시기 수시

재료 레몬 8개, 소주(30∼35%) 1.8L, 설탕 약간

1 레몬은 껍질을 벗겨내고 알맹이만 사용하는데 강한 향과 쓴맛을 좋아한다면 껍질을 같이 사용해도 된다. 이때 껍질을 너무 많이 넣으면 쓴맛이 강할 수 있으므로 30∼40%만 사용한다.

2 용기에 레몬과 소주를 붓고 달콤한 맛을 내기 위해 설탕을 넣는다.

3 2주 정도면 마실 수 있는데 1개월 정도 지나면 건더기를 여과용 망에 걸러 가볍게 짜낸다.

레몬은 미국 속어로 '불량품'이라는 뜻이 있다. '시큼하고 맛없는 과일'이라는 뜻에서 유래하였는데 저급품만 유통되는 시장인 레몬마켓Lemon market도 있다. 그러나 레몬은 비타민 C와 구연산이 풍부하고, 과즙, 과육, 껍질 모두 요리에 자주 사용되며 레모네이드 음료를 만드는 데도 사용된다. 신맛이 강하여 치즈를 만들 때는 응고제로, 게임에서 졌을 때는 벌칙 재료로 쓰이며, 레몬 먹기 대회도 있을 만큼 웃음을 주는 과실이다. 기네스 기록으로는 한 번에 200개를 먹은 것이 최고라고 한다. 술에서는 라임과 함께 칵테일의 가니시장식나 중요한 첨가 재료로 많이 쓰인다. 특히 리큐어 제조에서는 신맛이 부족한 재료로 술을 담글 때 신맛을 보충하기 위해 많이 사용된다.

| 마시는 방법 | 레몬주는 신맛이 강하여 스트레이트로 마시기에는 부담이 있다. 얼음과 탄산수로 희석해서 마시거나 상큼한 맛이 부족한 리큐어와 칵테일하면 좋다. 라임과 함께 칵테일에서는 중요한 재료이다. 보드카, 데킬라, 럼 같은 기본 증류주와도 잘 어울린다. 얼음을 채운 글라스에 증류주를 담고 레몬주와 시럽을 넣으면 간단하면서도 맛있는 칵테일을 즐길 수 있다.

침출주(浸出酒)

계절季節을 담은 침출주는
존재의 한계를 뛰어넘고 시공時空을 압축해서
한손에 넣고 싶은 바람.
흘려보낸 시간에 대한 그리움과 회한悔恨이 녹아 있다.
그 한잔으로 위로받는다.
시간은 되돌려졌고,
눈뜨면 만날 수 없는 내 봄날이 안부를 묻는다.

-옛술연구회 심유미-

liqueur

쉽고 간단한
약용주(건강주) 만들기

술은 하늘이 준 선물로 적당히 마시면 혈의 생성을 돕고 기와 혈의 순환을 촉진한다고 『본초강목』은 전하고 있다. 물론 지나칠 경우에는 장기가 손상되고 피를 탁하게 하기도 한다. 약용주(건강주) 만들기에서는 적당히 마시면 몸의 피로를 풀어주고 마음을 즐겁게 해주는 술의 장점을 효과적으로 살릴 수 있는 건강약용주 중심의 약용주 만드는 방법을 설명한다. 약용주는 취향과 기호에 따라 마시는 건강약용주와 치료 목적의 한방약용주로 나뉘는데 여기에서는 누구나 가정에서 쉽게 간단한 재료로 담글 수 있는 건강약용주만 소개한다.

Section 01　가시오갈피주

시기 사계절

재료 가시오갈피 100g, 소주(30~35%) 1.8L

1 가시오갈피에는 가시가 있어서 씻기가 불편하지만 적당한 크기로 자른 후 흐르는 물에 흔들면서 씻어 먼지나 이물질을 제거한 다음 물기를 닦는다.

2 준비한 용기에 가시오갈피 100g과 35% 소주 1.8L를 붓고 밀봉하여 직사광선이 비치지 않는 곳에서 침출·숙성시킨다.

3 3개월 정도 지나면 건더기는 건져내고 맑은 술만 다른 병에 담아 밀봉하여 보관한다.

손가락을 벌린 것과 같은 모양으로 잎이 5개가 벌어져 있고 한 가지에서 잎이 다섯 개 나는 것이 좋다고 하여 붙여진 이름이 오가五佳, 五加이다. 오갈피의 효능은 널리 알려져 있다. 면역기능 강화, 호르몬 기능 조절, 심혈관질환 개선 외에 당뇨, 고혈압 등 많은 결과가 보고되어 있고 중국의 『본초강목』이나 허준의 『동의보감』에서는 동양의학적인 전통지식을 다루고 있다. 러시아에서도 오갈피는 인삼과 효능이 같다고 하여 시베리아인삼으로 불리고 있으니 중요한 자원임에는 분명하다. 오갈피는 나무나 뿌리뿐만 아니라 열매도 중요한 재료인데, 특히 숙취음료수의 원료로 많이 사용된다.

10여 년 전 지인에게서 가시오갈피열매를 받고 어떻게 응용할까 고민하던 중 무작정 침출주를 만들고 몇 개월 지난 다음 술의 맛을 보았더니 밋밋하고 알코올취가 많이 느껴지지 않아 알코올도수의 변화를 측정해보았다. 그랬더니 숙성 중 알코올도수가 떨어지는 결과를 보고 신기한 열매라고 생각했는데 역시나 몇 년 후 숙취음료로 생산되는 것을 보고 특허나 등록을 해놓을 걸 하는 아쉬움이 있었다. 가시오갈피는 한약건재상에 가면 쉽게 구할 수 있는데 술을 담글 때는 어떤 오갈피라도 괜찮다.

| 마시는 방법 | 가시오갈피주는 위스키나 브랜디처럼 황금색 술로 오갈피 특유의 향과 쌉쌀한 맛이 난다. 스트레이트잔에 한잔 따라서 단숨에 들이켜 강한 알코올 맛과 목 넘김 후에 느껴지는 쌉쌀한 맛 그리고 오갈피 특유의 향을 느껴보는 것도 좋고, 얼음과 달콤한 시럽을 넣어 부드럽고 달콤하게 마셔도 좋다.

Section 02   국화주

시기 9~10월, 사계절(한약건재상에서 구입 가능)

재료 국화 적당량, 소주 35%(국화의 4~5배, 말린 국화는 6~7배)

1 국화는 체에 담아 흐르는 물에 뒤적거리면서 씻으면 편하다. 씻은 후에는 물기를 충분히 빼거나 그늘에서 말린다.

2 용기의 1/4~1/5 정도 국화를 넣은 후 나머지 부분은 소주로 채운다. 말린 국화는 용기의 1/6~1/7 정도만 채워도 충분하다.

3 잘 밀봉하여 직사광선이 비치지 않는 곳에서 침출·숙성시킨다.

4 2개월 정도 지나면 건더기는 체에 밭쳐 걸러내고 냉장고에 1~2일 보관하여 찌꺼기를 침전시킨 후 맑은 부분만 따라낸다.

코스모스, 해바라기, 쑥, 민들레 등은 물론 고들빼기나 곤드레나물 등도 국화과 식물이다. 흔히 들국화라고 부르는 자생국화는 야생에서 자라는 모든 국화를 말하며 이 중에서 가장 잘 알려진 것이 감국甘菊이다. 감국은 동전만 한 크기로 단맛이 나는 노란색 꽃이다. 남쪽 지방의 산야나 바닷가 주변에서 주로 자생하지만 요즘은 찾기가 어렵다. 화훼용인 꽃송이가 큰 가국家菊은 감국과 산구절초를 교잡하여 만들어진 꽃인데 이 중에서 꽃송이가 작으면서 감국과 비슷한 꽃을 재배한 것이 흔히 구할 수 있는 감국이다. 감국과 비슷하게 생겼지만 꽃이 작은 야국野菊은 산국山菊이라고도 하는데, 전국의 산야에 흔하지만 쓴맛이 나서 국화차 재료로는 사용하지 않는다. 이 산국은 감국과 비슷하기 때문에 산에서 마주하면 산국인데 감국 같고, 감국인데 산국 같다고 하여 구별법이 논쟁거리가 되기도 한다.

술을 담글 들국화는 활짝 핀 것보다는 약간 덜 핀 것이 좋다. 채취하기 힘들면 한약건재상에서 말린 감국을 구입하면 된다.

| 마시는 방법 | 감국은 맛이 달다고 하여 붙여진 이름이지만 단맛보다는 쓴맛이 강한 것 같다. 그래도 국화주는 연한 황금색에 국화향을 머금은 쌉쌀한 맛이 매력적이다. 쓴맛이 부담된다면 달콤한 시럽을 넣어 마셔도 좋고, 새콤한 오미자주나 산수유주와 가볍게 칵테일하여도 잘 어울린다. 국화차는 마음을 맑게 하고, 눈을 밝게 하며, 수명을 늘려준다고 하는데 적당량의 국화주도 그 정도 효능은 있지 않을까 한다.

S e c t i o n 0 3   더덕주

시기 사계절

재료 더덕 100g(말린 더덕은 30g), 소주 (35%) 1.8L

1 더덕에 묻은 흙은 가볍게 털어내고 흐르는 물에 깨끗한 칫솔로 씻으면 틈새까지 씻을 수 있다. 다 씻은 후에는 깨끗한 수건으로 물기를 닦아낸다.

2 용기에 더덕 100g과 35% 소주 1.8L를 부은 후 밀봉하여 보관한다. 말린 더덕은 30g 정도만 사용해도 맛과 향을 충분히 느낄 수 있다. 더덕이 커서 그대로 용기에 넣기 힘들 때에는 잘라서 넣어도 되지만 통째로 넣는 것이 보기에 좋다.

3 더덕은 오래 둘수록 맛이 좋다. 최소한 6개월은 두고 마시자.

가을 산에 짙은 향기를 더하는 더덕은 효능이 인삼에 버금갈 정도라 하여 사삼沙參이라 불리기도 한다. 약효만큼이나 중요하게 여겨서인지 이름이 다양하며 논란도 있는데, 논란을 일으키는 명칭은 사삼沙參이다. 사삼은 인삼人參, 현삼玄參, 단삼丹參, 고삼苦參과 함께 오삼五參이라 부르는데 형태는 모두 다르나 치료하는 바는 비슷하기 때문이라고 한다. 중국 의학서에서는 잔대뿌리를 '사삼'이라고 하였고, 우리 『동의보감』에서는 '더덕'을 사삼이라고 했다. 국내에서는 잔대를 사삼으로 보는 사람과 더덕을 사삼으로 보는 사람이 있다. 둘의 약효는 비슷하지만 잔대와 더덕은 분명히 다른 식물이기에 '사삼'이라는 명칭을 사용하지 않고 더덕이나 잔대로 구분해 사용해야 한다'는 전문가들의 의견이 설득력이 있다. 최근에는 『동의보감』의 '사삼'을 '더덕'으로 바꿔 표기함으로써 이제 '사삼'은 '더덕'을 뜻하게 되었다.

술을 담글 때는 더덕에 붙어 있는 흙을 가볍게 털어내고 흐르는 물에 깨끗한 칫솔로 가볍게 문질러주면 된다. 생더덕을 자근자근 두들겨서 술에 넣으면 바로 마셔도 될 만큼 향이 잘 우러난다.

| 마시는 방법 | 더덕주는 더덕 특유의 쌉쌀한 맛에 진한 더덕향이 조화를 이룬 호박색의 귀한 술이다. 더덕의 향을 즐기기 위해선 다른 술과 칵테일하기보다는 스트레이트로 마시는 것이 좋다. 더덕의 맛있는 쓴맛이 기름진 요리를 담백하게 해주어 감자나 해물로 만든 전 요리나 삼겹살과도 잘 어울린다.

Section 04   마늘주

시기 사계절

재료 마늘 300~400g, 소주(35%) 1.8L, 레몬 1개, 설탕 100g

1 마늘을 5분 정도 쪄서 생마늘의 자극적인 냄새를 줄인다.

2 신맛이 부족한 재료이므로 레몬을 첨가하면 좋다. 레몬은 껍질을 벗겨 알맹이만 사용한다.

3 용기에 마늘 300~400g, 레몬 1개, 35% 소주 1.8L와 감미료를 넣은 후 밀봉하여 직사광선이 비치지 않는 곳에 둔다.

4 3개월 정도 지나면 건더기를 건져내고 맑은 술만 보관한다.

삼겹살을 먹을 때 꼭 같이 먹는 음식의 하나가 마늘이다. 마늘은 맛이 매콤하지만 익히면 매운맛은 사라지고 감칠맛을 더해주어 요리에서는 빠지지 않는 재료이다. 마늘은 당도가 꽤 높다. 마늘의 알싸한 매운맛 때문에 단맛을 잘 못 느끼지만 30브릭스brix에 육박할 정도이다. 단맛이 14브릭스 정도인 캠벨포도보다 2배 정도 달콤하다. 마늘을 한번 익혀서 매운맛을 없애고 술을 담가 숙성시키면 달콤한 술이 된다.

| 마시는 방법 | 마늘의 매운맛과 특유의 향 때문에 술 담그기를 꺼려하지만 일정기간 숙성하면 웬만한 과실주보다 더 달콤한 술이 된다. 매운맛은 느껴지지 않으며 마늘 특유의 향도 사라지고 부드럽고 달콤하여 다른 술과 칵테일하기보다는 스트레이트나 얼음을 조금 넣어 시원하게 마시는 것이 좋다. 신맛이 부족하면 레몬이나 레몬주스를 좀 넣어 마시면 좋다.

Section 05　비수리주

시기 9월경

재료 비수리 100g, 소주(35%) 1.8L, 설탕 100g

1 용기에 재료와 술을 부어 직사광선이 비치지 않는 곳에 둔다.

2 3개월 정도 지나면 건더기를 건져내고 맑은 술만 보관한다.

비수리는 빗자루로 쓸 만큼 흔하고 평범한 풀인데 천연비아그라의 효능을 갖고 있다고 하여 유명한 풀이 되었다. 비수리는 밤에 빗장을 열어주는 약초라고 하여 야관문夜關門이라고도 하며, 비수리를 먹으면 천리 밖에서도 빛이 난다고 하여 천리광千里光이라고도 한다. 인터넷을 검색해보면 부작용이 없는 천연비아그라로, 그냥 달여 먹거나 가루를 내어 먹어서는 전혀 효과가 없으며 반드시 술로 우려내야만 효능이 있다고 하는데 과학적으로 검증되지 않은 글들이라 믿음이 가진 않는다. 어찌되었건 비수리는 약간 쓰고 매운맛이 나며, 폐와 간, 콩팥에 좋다고 한다. 혈액순환에도 도움이 된다고 하니 효험이 궁금하다면 한번 담가보는 것도 좋겠다.

| 마시는 방법 | 비수리는 천연비아그라로 불릴 만큼 큰 기대를 갖게 하는 술이니만큼 과음하기보다는 약효를 기대하며 하루 소주 한두 잔 정도 마시는 것이 좋다. 주위에 흔한 풀이라고 하니 술맛이 있을까 하겠지만 쌉쌀하면서 목 넘김과 뒷맛도 꽤 괜찮은 술이다. 약주로 마시는 술인만큼 다른 술과 칵테일하지 말고 스트레이트로 마시는 것이 좋다.

Section 06　　산수유주

시기 9~10월, 사계절

재료 산수유 1kg(말린 산수유 200g), 소주 (35%) 1.8L

1 산수유를 잘 씻어서 물기를 충분히 빼거나 그늘에서 말린다.

2 용기에 산수유 1kg, 35% 소주 1.8L를 넣고 밀봉하여 직사광선이 비치지 않는 곳에 둔다. 말린 산수유는 200g 정도만 넣어도 된다.

3 3개월이 지나면 건더기는 건져낸다.

산수유는 봄에는 향기 그윽한 황금색꽃으로 축제를 만들어주고 가을에는 새빨갛고 탐스러운 열매로 또 한 번 눈과 입을 즐겁게 해준다. 이처럼 산수유는 꽃과 열매가 아름다워 조경수로도 사랑을 받고 있다. 경기도 이천 백사와 전남 구례 산동 지역은 매년 산수유꽃축제를 열어 많은 관광객을 유치하고 있다. 특히 전남 구례 산동면은 전국 최고의 산수유 군락지로 꼽힌다. 산수유열매는 예부터 약용으로 사용되었다. 두통, 이명, 해열 등에 쓰이고, 식은땀이나 야뇨증을 치료하는 데도 사용한다. 산수유는 새콤하면서 달콤한 맛이 나서 술을 담가도 좋다. 가을에 생 열매로 만들어도 좋으며, 말린 산수유로는 사계절 아무 때나 담글 수 있다.

| 마시는 방법 | 산수유주는 붉은색에 새콤달콤한 맛이 나는 술이다. 약효도 뛰어나지만 술로 즐기기에 적당한 신맛과 단맛이 있어서 맛으로 즐기기에도 충분하다. 또 무색투명한 보드카와 같은 증류주와 칵테일하면 은은한 핑크빛의 아름다운 색이 만들어진다. 여기에 달콤한 시럽과 얼음을 넣으면 새콤달콤한 칵테일이 된다.

| tip | 산수유축제
– 구례산수유꽃축제 sansuyu.gurye.go.kr
– 이천백사산수유꽃축제 www.2104sansooyou.com
– 의성산수유꽃축제 ussansuyu.kr
– 양평산수유축제 www.ypfestival.com

special

술샘 이화누룩소금

소금누룩은 2012년 상반기 일본 30대 히트상품 중 11위에 선정되면서 현재까지 많은 관심을 받고 있는 일본의 전통적인 천연조미료이다. 소금누룩은 일본어로 시오코오지라고 하는데 시오는 소금이며, 코오지는 쌀에 균을 번식시킨 입국이다. 소금누룩은 각종 효소의 작용으로 식재료를 감칠맛나게 하고 잡냄새를 없애주는 효과가 있으며 저염식에도 좋다고 하여 인기가 있는 천연조미료이다. 소금누룩을 만들려면 먼저 입국을 만들어야 한다. 입국은 쌀을 증기로 쪄서 식힌 다음 배양된 종균을 뿌려 3~4일 번식시켜 만드는데 온도와 습도를 조절해줘야 한다. 입국이 만들어지면 소금을 물에 녹인 다음 제조한 입국과 잘 섞어 용기에 담은 다음 약 1주일간 잘 저어주면서 보관하면 소금누룩이 만들어진다.

소금누룩은 어떤 효능이 있을까?
염분함량을 많이 줄일 수 있으며, 누룩에 있는 효소의 작용으로
다양한 유효성분을 얻을 수 있다.

이렇게 만들어진 소금누룩은 어떤 효능이 있을까? 먼저 소금만 사용할 때보다는 염분함량을 많이 줄일 수 있으며 누룩에 있는 효소의 작용으로 다양한 유효성분을 얻을 수 있다. 소금누룩을 만드는 재료 중 하나인 일본식 쌀누룩 입국 대신에 우리의 전통 쌀누룩 이화곡을 사용하여 이화누룩소금을 만들고 있는 농업회사법인 ㈜술샘 신인건 대표는 이화누룩소금을 식품에 사용하면 보존성이 향상되고, 인공조미료, 인공감미료, 보존제 등 인공첨가물이 들어가지 않았으므로 건강한 식단을 만들 수 있다고 한다. "누룩에 전분과 소금을 넣어 발효 숙성시키면 누룩에 있는 다양한 미생물이 단백질, 지방, 탄수화물을 분해하는 효소를 만들어 영양분의 소화와 흡수를 쉽게 하며, 효소의 작용으로 원재료 본연의 맛을 잘 이끌어내고, 발효된 전분의 단맛과 감칠맛이 짠맛을 상승시켜주는 효과가 있어 저염식을 가능하게 합니다." 그렇다면 일본의 소금누룩과 ㈜술

샘의 이화누룩소금은 어떤 차이가 있을까? 기본적으로 원료의 원산지가 다른 차이점이 있겠지만 가장 큰 차이는 소금누룩의 주원료인 누룩이 다르다는 것이다. "시오코오지는 살균된 쌀에 인공적으로 배양된 종균을 번식시킨 일본식 쌀누룩粒麴, Koji을 이용하여 만들지만, 이화누룩소금은 우리가 숨 쉬는 공기 중에 있는 야생곰팡이효소, 효모를 접종하여 만든 전통 쌀누룩麴샘 이화곡을 이용합니다. 그래서 다양한 미생물이 작용하여 단일 균을 이용한 일본의 소금누룩보다 더욱 다양한 기능성을 갖게 됩니다." 그리고 또 하나는 주원료인 소금의 차이인데 우리나라 천일염은 세계적으로 인정받은 식품으로 미네랄이 풍부하고 질이 좋은 것은 설명하지 않아도 다 아는 사실이니 이화누룩소금이 기능이나 질에서 일본의 소금누룩과는 다른 식품임을 알 수 있다.

● 이화누룩소금 만드는 방법

재료 : 밥 300g, 물 100g, 소금(천일염) 70g, 이화곡 30g

용기에 밥, 물, 소금, 이화곡을 넣고 고루 섞은 후 5일 동안 보관하는데 매일 한 번 이상은 저어 준다. 5일이 지나면 작은 용기에 나눠 담고 냉장보관하면 된다.

농업회사법인 ㈜술샘

| 경기도 용인시 처인구 양지면 양지로 142-1

| 070-4218-5225 / 010-4367-1268

麴샘
이화
누룩
소금
200g

Section 07 　송순주

시기 5월

재료 송순 300g, 소주(35%) 1.8L

송순, 송화, 솔잎, 솔방울로 술을 담글 때에는 채취한 다음 재료에 묻어 있는 송진을 잘 제거해야 한다. 가장 좋은 방법은 흐르는 물에 2~3일 담가두는 것이다. 집에서는 자주 물을 갈아주어 최대한 송진을 제거한다. 술을 담기 전에 한 번 쪄서 송진을 제거하는 것도 좋다. 송진은 잘 분해되지 않고 모세혈관 등을 막을 수 있다는 견해가 있기 때문에 먹지 않는 것이 좋다.

1 송순은 물에 담가두어 송진을 최대한 제거하고 적당한 크기로 자른다.

2 용기에 송순 500g, 소주(35%) 1.8L를 붓고 밀봉하여 직사광선이 비치지 않는 곳에 둔다.

3 3개월이 지나면 건더기는 건져낸다.

소나무는 척박한 땅에서도 뿌리내리는 강한 생명력으로 오랜 역사를 이어온, 우리나라 국민에게 특별한 사랑을 받고 있는 나무이다. 그런데 한때는 우리나라 산림의 60%를 차지하던 소나무숲이 점점 그 자리를 잃어가고 있다.

솔순이라고도 하는 송순은 봄철 소나무의 가지 맨 끝에 자라나는 어린 가지를 말한다. 소나무과에는 여러 종류가 있는데, 보통 잎의 수에 따라 2엽송과 5엽송으로 구분한다. 약재로 사용하거나 식용하는 소나무는 솔잎이 2개로 2엽송인 적송이다. 소나무로 담글 수 있는 술의 종류는 많은데, 새순, 솔방울, 솔잎 등으로 개성이 강한 술을 만들 수 있다.

| 채취시기에 따른 분류 |

송순주 : 소나무 새순으로 담근 술 〉 5월

송화주 : 소나무 꽃송이로 담근 술 〉 5월

솔방울주 : 소나무의 새 솔방울로 담근 술 〉 7~8월

송엽주 : 솔잎으로 담근 술 〉 수시, 늦가을

| 마시는 방법 | 송순, 송화, 솔잎, 솔방울로 만드는 술은 향과 맛이 강하면서 신비스럽다. 그중에서도 송순으로 만드는 술의 향과 맛이 더 고급스럽다. 스트레이트로 마시기에 강한 향이 자극적이라면 글라스에 얼음을 채워 시원하게 마시는 방법도 좋고, 송준주에 깨끗하고 미지근한 물을 조금 넣어 마셔도 좋다.

Section 08

시기 9월, 사계절(건오미자)

재료 생오미자 300~400g(건오미자 200g),
소주(35%) 1.8L, 설탕 200g

1 건오미자는 찬물에도 쉽게 물러지므로
흐르는 물에 흔들면서 빠르게 씻어낸 후 그
대로 물기를 빼서 그늘에서 말린다.

2 용기에 오미자와 소주를 넣고 잘 밀봉하
여 직사광선이 비치지 않는 곳에 둔다.

3 오미자는 1주일만 지나도 마실 수 있으
나 1개월 후에 건더기를 건져낸다.

오미자주

경북 문경시 동로면에는 '문경오미자마을'이 있다. 국내 오미자
의 40% 이상을 생산하며, 다양한 가공품과 체험프로그램으로
오미자의 변신을 이끌어낸 곳이다. 다섯 가지 맛이 난다고 하여
오미자五味子라고 하는데, 껍질은 시고, 과육은 달고, 씨는 맵고
쓰며, 전체적으로는 짠맛이 난다. 그중에서 신맛이 가장 강하
다. 오미자는 신맛이 강한 만큼 유기산이 많으며, 무기질과 비
타민 등이 함유되어 있다. 주로 목과 폐 등 기관지에 좋다고 알
려져 있다. 신맛이 강하여 그냥 먹기에는 힘들어 오미자청이나
진액으로 만들어 먹지만 요즘에는 다양하게 변신하고 있다. 차
와 음료는 많이 접해온 가공방식이고 잼, 떡, 곶감 등으로도 활
용된다. 특히 경북 문경의 오미자맥주가 화제가 되고 있다.

| 마시는 방법 | 오미자는 침출 속도가 빠르다. 오미자의 강한 신맛이 소
주의 알코올 맛을 감싸주어 거부감 없이 마실 수 있다. 신맛 뒤에 남는 단맛,
쓴맛, 매운맛, 짠맛을 느끼는 재미도 쏠쏠하다. 글라스에 얼음을 채우고 오미
자주와 탄산수를 기호에 맞게 섞어서 마시면 갈증해소에도 도움이 된다.

Section 09 인삼주

시기 사계절

재료 인삼(4~6년근) 1뿌리, 소주(35%) 1.8L

1 인삼(수삼)을 깨끗하게 씻은 후 물기를 닦는다.

2 인삼은 생긴 그대로 담그는 것이 좋으니 넉넉한 용기를 준비한다. 용기에 인삼과 소주를 붓고 잘 밀봉하여 직사광선이 비치지 않는 곳에 둔다.

3 6개월 이상 보관한다.

인삼은 뿌리가 사람 '人' 모양을 하고 있으며, 사람과 비슷하여 인삼人蔘이라고 한다. 수천 년 동안 동아시아의 한방처방에서 절대 빠지지 않는 약재이다. 인삼을 가공하지 않은 생것을 수삼水蔘, 수삼의 껍질을 벗기거나 그대로 햇볕에 말린 것을 백삼白蔘, 백삼을 쪄서 건조한 것을 홍삼紅蔘이라고 한다. 『동의보감』에는 인삼의 효능을 "정신을 안정시키고 신경을 가라앉히며, 놀란 가슴이 뛰는 것을 멈추게 하고 두뇌활동을 원활하게 해 건망증을 없앤다"라고 나와 있다. '혈압을 높여 고혈압을 유발한다', '불면증에 시달리게 만든다' 같은 부작용에 대한 우려도 있지만 '제13회 세계독성학회 ICT'에서 인삼홍삼 포함이 혈압에 미치는 영향은 무의미한 것으로 결론이 났으니 혈압과 관련해서는 걱정하지 않아도 된다.

| 마시는 방법 | 인삼주는 매실주와 함께 한번은 담가봤을 만큼 우리나라의 대표적인 술이다. 소주를 부어 리큐어(침출주) 방식으로 만들 수도 있고, 쌀과 인삼을 같이 발효시켜 약주 방식으로 만들 수도 있으며, 이 술을 증류하여 증류주 방식으로 만들 수도 있다. 어떤 방법으로 만들어도 맛이 그려질 정도로 친숙한 술이다. 인삼주는 약주로 하루에 한두 잔 정도가 적당하며, 인삼의 쌉쌀한 맛과 향을 느끼면서 제맛으로 마시는 것이 좋다.

Section 10 참송이버섯주

시기 사계절

재료 참송이버섯 2~3개, 소주(35%) 1L

1 흙 등이 묻은 부분은 잘 손질한다.

2 용기에 참송이버섯을 그대로 넣거나 적당한 크기로 잘라서 넣은 후 35% 소주 1L를 붓고 잘 밀봉하여 직사광선이 비치지 않는 곳에 보관한다.

3 3개월이 지나면 송이는 건져내고 맑은 술은 밀봉하여 보관한다.

'숲 속의 다이아몬드'라 불리는 송이버섯은 맛과 향이 뛰어나 귀한 버섯으로 알려져 있다. 송이버섯은 소나무군락에서 자라는데 인공재배가 어려워 대량생산되지 않는다. 국내 산림이 비옥해지면서 척박하고 건조한 땅에서 잘 자라는 소나무군락이 줄어듦에 따라 송이버섯 생산량도 줄고 있다. 이처럼 귀한 대접을 받다 보니 먹기에도 아까운데 술 담그기에는 더욱 눈치가 보인다. 송이버섯과 생김새가 비슷하고 맛과 향이 비슷하며 인공재배가 가능한 버섯이 있다.

표고버섯을 개량하여 송이버섯 모양으로 만든 참송이버섯이다. 인공재배가 가능하며, 모양과 식감이 송이와 비슷하다. 물론 자연산 송이버섯만큼 향이 대단하지는 않지만 가격이 송이보다 저렴하고 사계절 술을 담글 수 있다.

| 마시는 방법 | 자연산 송이버섯의 향은 대단하다. 한 송이로 술을 담가도 송이의 매력적인 향을 느끼기에 충분하다. 참송이버섯주는 송이버섯의 향보다는 못하지만 특유의 향이 매우 고급스럽다. 다른 술과 칵테일하기보다는 버섯의 은은하면서 화려한 향을 최대한 느끼면서 마시는 것이 좋다. 얼음 몇 개만 띄워 마시거나 미지근한 물에 희석하여 마시는 것이 좋다.

liqueur

Section 11　하수오주

시기 가을~겨울, 사계절(건하수오)

재료 백하수오 1뿌리, 소주(35%) 1.8L

하수오는 직접 채취한다면 껍질을 벗겨야 한다. 보통 대나무칼을 만들어서 껍질을 벗겨내는데 그 작업이 만만치 않다. 약재상에서 판매하는 하수오는 대부분 재배한 것으로 물에 씻은 후 담그면 되지만 토막형태라 멋이 없다. 긴 뿌리가 연결되어 있는 것은 직접 채취하거나 약초 전문점에서 구입하면 된다.

1 준비한 용기에 재료와 술을 붓고 잘 밀봉하여 직사광선이 비치지 않는 곳에 둔다.

2 6개월 이상 보관한다.

하수오何首烏는 산삼과 견줄 만한 영약으로 알려져 있다. 옛날 중국에 하씨 성을 가진 사람이 이 약초를 먹고 머리카락이 까마귀처럼 검게 되었다고 하여 '어찌何 머리首가 까마귀烏처럼 검은가?'라는 의미로 하수오라 불렀다고 전해진다. 하수오는 신장기능을 튼튼하게 하고 머리칼을 검게 하며 오래 살게 하는 약초로 유명하다. 하수오는 백하수오와 적하수오로 나뉜다. 적하수오는 마디풀과의 덩굴성 다년생 풀로 가을에 꽃이 핀다. 뿌리 모양은 고구마같이 굵은 덩이뿌리로 쓰면서도 떫고 달다. 백하수오는 박주가리과 식물인 큰조롱의 뿌리로 여름에 꽃이 피며, 뿌리는 인삼처럼 길게 자란다.

| 마시는 방법 | 하수오주는 달면서 쓴맛과 떫은맛이 나는 호박색 술로 맛과 향이 특별하게 강하지는 않으나 꽤 맛이 있는 술이다. 심마니나 약초 전문가들 사이에서도 효능은 물론 맛으로도 대접받는 귀한 술이다. 산삼에 버금가는 약효가 있다고 하니 다른 술과 칵테일하기보다는 스트레이트로 마시는 것이 좋다.

산야초로 뭉친 세 사나이

'산사나이 셋이서 전국의 산야를 다니며 모으고 채취한 산야초로 좋은 음식을 만들어 벗들과 함께 나누려 이 음식점을 차리다.' 서울 강남구 논현동 을지병원 뒷골목에 위치한 '미슬토'라는 음식점이 생긴 이유이다.

'미슬토'는 우리나라에서도 서생하는 겨우살이의 영어이름이다. 독일에서는 '미스텔'이라고 불리며 학명은 '비스쿰 알붐Viscum album'이다. 산야초 전문가가 운영하는 음식점답게 이름부터 범상치 않다.

음식점에 들어서면 먼저 내부 벽면을 가득 채운 다양한 침출주가 눈길을 사로잡는다. 인터넷동호회를 운영하면서 동호회 회원들과 약초산행을 해서 채취한 재료와 직접 산야초농장을 운영하면서 농사지은 재료들로 담근 보물들이다. 술을 직접 담가보면 알겠지만 진열되어 있는 술들은 참 귀한 술이다. 유리병과 소주 값도 만만치 않겠지만 귀한 재료와 정성을 생각하면 그 소중함은 술에 관심 없는 사람이라도 알 듯하다.

미슬토 대표 이철수 산야초 전문가는 바쁘다. 경기대학교와 농업기술실용화 재단이 만든 우리술 전문 교육기관인 '수수보리아카데미'에서 전통주를 강의하고, 다음 카페 담금주천국의 카페지기로 활동하면서 동호회 회원들과 산을 타러 다닌다. '강남 심마니'라 불릴 정도로 약초에 대한 지식도 풍부하다. 남는 시간에는 강원도 춘천에 묻혀 산다. 춘천에는 3만 3,000m²가 넘는 땅이 있다. 다음 카페 회원들에게 1인당 33m² 정도를 분양하여 산야초를 같이 공부하고 배우는 장소로 활용하고 있다. 체험학습은 물론 곰취, 잔대, 두릅, 참나물 등의 산나물과 산약, 황기, 삼지구엽초, 당귀, 하수오, 더덕, 천문동, 구기자, 고삼 등의 약용작물도 심어서 회원들과 나누어 먹고 판매하려는 계획을 세우고 있다.

이철수 대표는 가장 맛있는 술을 꼽으라면 단연 산더덕술이라고 한다. "산더덕은 산삼에 버금갈 정도로 귀하기도 하지만 10년은 술에 담가두어야 더덕술의 제대로 된 맛을 볼 수 있어요."

산더덕술은 오랜 시간 침출과 숙성을 시켜야 하기 때문에 산행하는 짧은 시간에 최대한 재료의 맛과 향을 우려내서 먹는 방법이 있다고 한다. "한번 산행을 하면 며칠 계속되는데 산행 후에는 피로도 풀 겸 간단하게 술 한잔하고 일찍

잠을 청해야 다음 날 다시 산을 탈 수가 있어요. 그래서 산에 올라가기 전에 더덕을 바위에 놓고 나무나 돌로 짓이겨서 준비해간 소주병에 넣어 개울에 담가둡니다. 그리고 산행을 마친 후 내려와서 개울에 담가둔 술을 마시는데 오전에 짓이겨 담가둔 더덕술은 정말 향이 좋습니다." 보통은 재료를 그대로 술에 담가 침출시키는데 짧은 시간에 향과 맛을 우려내야 하는 상황에서는 특이하면서도 멋이 있는 방법이다. 산삼도 더덕과 마찬가지로 산행 때는 짓이겨서 마시는데 향과 맛이 매우 좋다고 한다. 이런 방법을 응용하여 하수오도 비슷한 방법으로 즐긴다고 한다. 하수오는 거피를 한 후 소주를 붓고 한참을 기다렸다 마시지만, 믹서기에 갈아서 막걸리와 섞어 마시면 정말 맛이 좋다고 한다.

산더덕이나 산삼을 짓이겨서 소주에 타 먹는 방법은 분명 멋이 있다. 그 향이 먹지 않아도 느껴질 만큼 풍겨온다. 하지만 누구나 쉽게 구해서 먹을 수 있는 재료는 아니다. 그래서 누구나 쉽게 집에서 맛있게 만들 수 있는 술, 하지만 흔한 매실주나 인삼주가 아닌 조금은 특별한 술은 없을까 부탁하자 오미자주와 솔순주를 추천해주었다.

"오미자는 단맛·신맛·쓴맛·짠맛·매운맛의 다섯 가지 맛이 나서 오미자라고 하는데 오미자에 바로 술을 부어 담그면 다섯 가지 맛이 골고루 나지 않고 쓴맛과 신맛이 너무 강해요. 오미자와 설탕을 1:1로 넣어 오미자청을 만

꽃, 과실, 줄기, 뿌리 등 생으로 먹기는 힘든 재료에
소주를 부어 알코올의 삼투현상을 이용하므로
식용이 가능한 재료면 다 술을 만들 수 있다.

들고 남은 재료에 술을 부어두면 달콤하면서 새콤하고 맛있는 오미자술이 됩니다." 청을 만들고 남은 찌꺼기에 술을 부어 만드는 방법은 오디와 복분자에도 응용할 수 있다. 오디와 복분자는 재료를 거르고 남은 찌꺼기도 버리기가 아깝다. 술만 부어도 재료의 맛을 충분히 느낄 수 있을 만큼 향과 맛이 충분히 남아 있기 때문이다. "오미자청을 만들고 남은 재료에 소주를 부으면 설탕의 단맛이 적절하게 조화를 이루어 더 맛이 좋아요. 오미자술은 솔순주와 섞어서 마시면 더 맛이 좋지요." 솔순주는 소나무의 솔순으로 만드는 술이다. "솔순은 송진을 제거하기 위해 물에 2일 정도 담가두었다가 한번 쪄서 말린 다음 술을 담그는 것이 송진을 제거하기에 좋습니다. 송진은 혈관을 막을 수 있기 때문에 충분히 제거한 다음 술을 만들어야 합니다." 오미자주와 솔순주를 3개월 정도 숙성시킨 다음 솔순주와 오미자의 비율을 10 : 1.5 정도로 섞어서 마시면 가장 좋다고 한다.

침출주의 재료는 무궁무진하다. 꽃, 과실, 줄기, 뿌리 등 생으로 먹기는 힘든

재료에 소주를 부어 알코올의 삼투현상을 이용해 유효성분을 추출하기 때문에 식용이 가능한 재료면 다 술을 만들 수 있다.

혹시 동물로도 술을 담가 먹느냐는 질문에 '노봉방주'라는, 약효가 좋은 술을 소개해주었다. 노봉방주는 한번 쏘이면 성인남자에게도 치명적일 수 있는 말벌호박말벌, 장수말벌로 만드는 술이다. 노봉방주는 고혈압과 관절염에 좋다고 한다. "노봉방주는 알코올도수가 높은 술로 담급니다. 어떤 사람들은 벌집을 따서 냉동실에서 얼린 후에 담그는데 그렇게 담그면 약효가 없습니다. 먼저 말벌집과 애벌레를 넣고 벌을 핀셋으로 잡아서 살아 있는 상태에서 술에 넣어야 합니다. 노봉방주는 말벌의 독이 중요한데, 살아 있는 상태에서 넣어야 말벌의 벌침에서 독성분이 나와 술에 녹아들어 약효가 있습니다."

우리나라에는 맛있는 먹을거리가 참 많다. 계절마다 과일이 나오고, 산과 들에서는 야생과일과 약재를 어렵지 않게 얻을 수 있다. 좋아하는 재료로 한 병씩 술을 담가 보관하는 재미는 여느 취미가 주는 즐거움과 다를 바가 없다. 산야초 전문점 '미슬토'의 벽면을 가득 채운 술만큼은 아니더라도 주위에서 쉽게 구할 수 있는 재료로, 아니면 오늘 당장 시장에 나가 좋아하는 과일이나 약재를 사다가 술을 담가보자.

인터뷰가 끝날 즈음 이철수 대표는 더덕 한 뿌리를 갖고 나왔다. 흔히 보던 더덕이 아니었다. 산더덕이라 향이 진하고 홍더덕이라 더 귀하다고 했다. 주위를 살피더니 옆에 있던 소주병으로 탁자에 홍더덕을 짓이기기 시작했다. 짓이길 때 더덕의 향이 코를 자극하더니 잠깐 술에 담갔는데도 술에서는 상당히 강한 더덕향이 났다. 당장이라도 산에 올라가 더덕 한 뿌리를 캐어 그 자리에서 짓이겨 자연과 한잔하고 싶다.

이철수

| 경기대학교 수수보리아카데미 전통주 강사

| 다음 카페 '담금주천국' 카페지기(http://cafe.daum.net/damkumgu)

| 산야초 전문점 '미슬토' 대표, 서울 강남구 도산대로30길 21–4

| 미슬토산야초농장(춘천시 신북읍 아침못길 223–21) 대표

| 미슬토산양삼농장(화천군 화천읍 풍산리 산 69) 대표

liqueur

리큐어로 만드는
칵테일 한 잔

누구나 원하는 술을 편하게 만들어 마실 수 있는 것이 칵테일이다. 만드는 사람과 방법에 따라 조금씩 맛도 달라져 다양함을 즐길 수 있다. 만들어져 있는 술이 아니다 보니 흔하게 마시지 못하는 것이 아쉬운데 집에서 만든 리큐어나 마트에서 쉽게 구입할 수 있는 리큐어, 보드카, 럼 등의 증류주를 이용하자. 집에서 직접 만들어 마시는 칵테일은 라이프스타일을 한층 더 여유롭게 만들어줄 것이다. 즐거운 주말엔 칵테일 한 잔!

칵테일

칵테일 중에 마티니(Martini)라는 술이 있다. '칵테일의 왕'이라 불리고 007영화를 통해서도 유명해진 마티니는 진(Gin)과 베르무트(Vermouth) 두 가지를 기본으로 만드는 간단한 칵테일이지만 조합비율이나 만드는 방법에 따라서 레시피가 아주 많다.

진은 알코올에 주니퍼베리(Juniper Berry: 노간주나무 열매)로 향기를 낸 술이고, 베르무트는 와인에 향료와 약초를 넣어서 만든 리큐어인데 진의 독특하고 강한 향기와 베르무트의 쓴맛이 조화를 이룬 술이 마티니이다(진 대신에 보드카와 베르무트 조합의 마니티도 유명하다). 베르무트는 예전에는 스위트 베르무트(Sweet vermouth)를 주로 사용하다가 요즘은 쓴맛을 즐기는 드라이 베르무트(Dry vermouth)로 바뀌고 있다. 보통은 진과 베르무트를 3:1의 비율로 만드는데 쓴맛을 담당하는 베르무트를 진에 미세하게 담아내는 방법이 재미를 준다. 헤밍웨이(Ernest Hemingway)는 진과 베르무트를 15:1의 비율로, 처칠(Winston Churchill)은 베르무트를 첨가하지 않고 진만 마시면서 베르무트가 담긴 병을 바라보는 것으로 미세한 쓴맛을 더했다고 한다.

마티니는 '칵테일은 마티니로 시작해서 마티니로 끝난다'고 할 정도로 유명한 칵테일이지만 마셔보면 쉽게 친해지기 어려운 맛이다. 진의 독특한 향과 베르무트의 쓴맛이 누구에게나 친숙한 맛은 아니다. 그러나 마시다보면 마티니가 왜 칵테일의 왕인지 어느 정도 공감을 하게 된다. 이런 공감은 소주도 비슷하지 않을까 생각한다. 물론 여기서 얘기하는 소주는 어느 술집에서나 팔고 있는 희석식 소주이다. 단지 주정을 희석하고 여기에 맛을 조금 첨가한 간단한 술이기에 맛이 좋아 마시는 술로 평가하기는 무리가 있다. 그러나 웬만한 안주와 잘 어울리고 가격도 저렴하며 어디에서나 쉽게 즐길 수 있는, 자주 마셔온 친숙한 술이기에 국민 술이 되지 않았을까.

칵테일은 아무 때나 편하게 즐길 수 있는 대중적인 술은 아니다. 새콤달콤하고 알코올의 쓴맛 부담은 없지만, 가격 부담도 있고 삼겹살이나 얼큰한 찌개와 같이 먹을 수 있는 술집도 없다. 칵테일은 삼겹살과 소주문화와는 분명이 다른 매력이 있다. 비싸서 많이 마시지 못했다면 칵테일무한리필 전문점에서 다양한 칵테일을 맛보고 친숙해지는 것도 좋고 유명한 전문점과 맛을 비교해보는 것도 즐겁다. 그리고 마트에 들러 쉽게 구입할 수 있는 다양한 리큐어와 보드카나 럼 같은 증류주 몇 병 구입하면 집에서도 근사한 칵테일을 즐길 수 있다.

예거마이스터

예거마이스터(Jagermeister)는 옛날 약병처럼 생긴 녹색 유리병에 담겨 있다. 50여 가지 허브가 들어가서인지 맛도 복잡하고 마치 한약 맛이 나는 감기약 같다. 물론 이는 주관적인 평가이다. 그런데 세계적으로는 물론 국내에서도 인지도가 상당하다. 그 이유야 술이 좋아서겠고 회사의 마케팅 능력이 뛰어나서일 수도 있겠고 여러 가지 이유가 있겠지만, 그중 한 가지는 카페인이 들어 있는 에너지음료의 등장이 아닌가 싶다. 카페인이 들어 있는 에

너지음료에 예거마이스터를 섞은 '예거밤(Jager Bomb)'이라는 칵테일은 술을 마셔도 마신 것 같지 않으면서 지친 몸에 활력을 준다고 하여 클럽에서 많이 즐기는 술이다. 에너지음료의 마케팅과 결합되면서 양쪽 업체에 시너지효과가 있는 유행인 것 같다. 예거마이스터는 에너지음료가 아니더라도 탄산음료나 주스에 섞는 매우 간단한 방법으로도 맛있는 칵테일을 만들 수 있고, 차게 보관하여 칵테일하지 않고 샷글라스에 스트레이트로 마시는 기본

적인 방법도 좋다.

순록과 십자가가 그려져 있는 예거마이스터의 로고는 사냥꾼의
수호성인인 성 후베르투스(Saint Hubertus)의 일화와 관련이 있다.
어느 날 후베르투스는 사냥을 하러 갔다가 멋진 사슴 한 마리를
발견하고 그 사슴을 잡으려는 순간 예수 그리스도의 음성을 듣게
된다. 그리고 얕은 신앙심을 질책하는 목소리에 깨달음을 얻어 사
제의 길로 들어서 평생을 봉사했다고 한다.

● **예거밤**

예거마이스터와 에너지음료를 1:3~4 정도 섞어서 마신다. 비율
은 기호에 따라 조절해도 좋다. 차갑지 않다면 얼음을 몇 개 넣어
서 마시면 더 좋다.

special

칵테일

칵테일을 만든다는 것은
어떤 술에 무엇인가를 섞는 행태行態로 나타난다.
그 무엇인가는 같은 주류酒類이거나 천연의 또는 이국적인 부재료로,
기본 주재료에 색향미色香美를 더해나간다.

바탕이 되는 술에서 감각적으로 부족함이나 단조로움이 느껴질 때,
그 허함을 채우고 지루함을 넘어서려는 다스림의 과정이다.

여백을 다른 것들로 채우기 위해서는 이들이 잘 어우러져야 한다.
조화로운 접점接點을 찾기 위한 살아 있는 섬세한 감각과 집중이 필요하다.
각자의 고유함을 지켜주기 위해서는 서로 긴장하고 절제해야 한다.

다름과 더불어 어울림으로써 새로움을 이끌어내는 칵테일.
새로움, 조율, 또 다른 새로움………………… , 다채로움.

항상 존재의 허함과 지루함에서 벗어나기 위해 고요할 수 없는 세상.

칵테일, 사람의 삶과 많이 닮았다.

−옛술연구회 심유미−

Section 03
오렌지껍질리큐어 &
칵테일 만들기

● 큐라소

큐라소(Curacao, 네덜란드어로는 Curacao, 다른 말로 쿠라사오)는 큐라소섬에서 나는 라라하(Laraha) 오렌지의 껍질을 말려 향을 낸 리큐어로 알코올도수는 20% 정도이다. 여기에 푸른색 색소를 첨가하여 만든 블루큐라소가 대표적으로 블루 하와이(Blue Hawaii), 블루 사파이어(Blue Sapphire), 블루 스카이(Blue Sky), 스카이다이빙(Sky Diving) 등 이름만 들어도 시원한 에메랄드빛과 강렬한 푸른빛의 칵테일을 만들 때 필요한 리큐어이다.

큐라소는 큐라소섬의 라라하 오렌지껍질로 만든 오렌지리큐어의 총칭이라고 보면 된다. 베네수엘라의 작은 섬인 큐라소에서 스페인 이주자들은 스페인에서 가져온 발렌시아 오렌지를 심으려 했지만 환경 차이로 오렌지 경작에 실패하였다. 그 대신에 발렌시아 오렌지는 섬의 건조한 환경에 적응하여 쓴맛이 강한 품종으로 진화하였는데, 이 변형된 오렌지가 라라하 오렌지이다. 라라하 오렌지는 먹기에는 부적합했지만 껍질은 향기가 좋아 껍질을 사용한 리큐어가 생산되기 시작했고 이 섬의 이름을 따서 큐라소라 부르게 되었다.

오늘날 많은 브랜드의 '큐라소'가 판매되고 있지만 모든 제품이 큐라소섬의 라라하 오렌지껍질을 사용하지는 않는다. 라라하 오렌지의 수확량이 많지 않다는 뜻이다.

● 코인트로, 콤비에르

유명한 오렌지리큐어로 브랜디를 베이스로 비터오렌지를 사
용하여 맛을 낸 술이다. 오크통 숙성 브랜디가 아니기에 색이
투명하다. 처음에는 두 회사의 제품명이 코인트로 트리플 섹
(Cointreau Triple Sec)과 트리플 섹 콤비에르(Triple Sec Combier)

였는데 오렌지리큐어가 성공하자 우후죽순처럼 생겨난 다른 회
사들도 '트리플 섹'이라는 이름을 사용하였다. 그래서 두 회사는
다른 회사들의 오렌지리큐어와 구분하기 위해 '트리플 섹'의 명
칭을 생략하고 '코인트로(Cointreau)'와 '콤비에르(Combier)'로 바
꾸었다고 한다.

| 오렌지껍질리큐어 만들기 |

대표적 큐라소인 블루큐라소를 만들기 위해서는 청색색소를 넣어야 하는데 오렌지껍질에서도 오렌지색이 우러나오니 가능한 한 짧은 시간 침출시켜 만들어야 청색이 잘 나온다. 맑고 뚜렷한 푸른색을 만들려면 오렌지를 침출시키기보다는 투명한 소주에 오렌지향과 색소를 넣으면 되는데 여기서는 오렌지껍질을 침출시켜 만들어보자.

재료 : 오렌지 1개분의 껍질, 소주(35%) 500mL, 1:1 설탕시럽 250mL, 천연색소(청색)

1 오렌지껍질 안쪽의 흰 부분은 도려내고 껍질 부분만 잘라서 사용한다.

2 용기에 소주를 붓고 1주일 정도 침출시킨 다음 커피여과지로 걸러낸다.

3 1:1(물:백설탕) 설탕시럽을 만들 때 청색색소를 넣어서 파란색 시럽을 만든 다음 술에 잘 섞는다. 청색색소는 치자청색소 등을 사용하면 되며, 분말보다는 액상 색소가 사용하기 편하다.

| 귤껍질리큐어 만들기 |

귤차를 마시기 위해 잘 말려둔 귤껍질이 있다면 귤껍질로 리큐어를 만들어보는 것도 좋다. 오렌지와는 또 다른 향과 맛이 난다. 귤껍질은 귤색이 잘 우러나와서 청색색소를 넣어도 산뜻한 파란색을 만들기가 어렵다. 귤색 그대로 만들거나 황색색소를 사용하여 좀 더 진한 귤색을 만들어도 좋다.

재료: 말린 귤껍질 30g, 소주(35%) 500mL, 1:1 설탕시럽 250mL, 바닐라시럽 20~30mL, 천연색소(황색)

1 말린 귤껍질에 소주(35%) 500mL를 붓고 1주일 정도 침출시킨다.
2 커피여과지로 귤껍질을 걸러낸다.
3 1:1(물 : 백설탕) 설탕시럽 250mL와 황색색소를 넣고 잘 섞는다. 이때 바닐라시럽을 20~30mL 넣으면 좋다.

| 블루 하와이 칵테일 만들기 |

블루 하와이 칵테일은 1957년 하와이 힐튼호텔 바텐더가 만들었다고 한다. 이 칵테일은 하와이섬을 연상시키는 대표적인 트로피컬(tropical) 칵테일로 보기만 해도 시원한 색감이 돋보인다. 더운 여름에는 상큼하면서도 달콤한 맛과 시원한 하와이의 바다를 연상시키는 블루 하와이가 제격이다.

증류주로는 럼을 사용하는데 럼은 사탕수수를 발효시켜 증류하여 만든 술이다. 오크통에서 짧게 숙성시켜 여과한 화이트 럼은 칵테일의 베이스로 많이 사용한다. 오크통에서 길게 숙성시켜 오크통의 색이 침출되어 황금색이 나며 맛과 향이 강한 골드럼도 있다.

재료 : 화이트 럼 2oz, 블루큐라소 1oz, 라임주스 1oz, 파인애플주스 2oz

블루 하와이 칵테일은 셰이커에 얼음과 각 재료를 넣고 셰이킹한 후 얼음을 채운 글라스에 따라내면 된다. 상쾌한 파인애플과 라임의 맛, 럼의 쌉싸름한 맛이 잘 어우러지는 칵테일이다. 라임주스를 구하기가 어렵다면 레몬주스를 사용해도 된다.

| 스카이다이빙 칵테일 만들기 |

스카이다이빙 칵테일은 1967년 전일본 바텐더협회의 칵
테일 컴페티션에서 그랑프리를 받은 작품으로 와타나베
의 작품이다. 블루큐라소의 푸른색을 효과적으로 응용한
칵테일로 한없이 맑은 푸른 하늘을 연상케 하는 아름다운
칵테일이다. 블루 하와이와 비교하면 파인애플주스가 빠
진 칵테일인데 그만큼 더 맑은 푸른색을 보여준다. 한 모
금 머금으면 먼저 럼 특유의 향이 느껴지면서 그 뒤로 큐
라소의 달콤쌉쌀한 맛과 라임의 새콤한 맛이 감싸준다.

재료 : 화이트 럼 2oz, 블루큐라소 1oz, 라임주스 1oz

세이커에 얼음과 각 재료를 넣고 잘 흔들어준 다음 얼음
을 채운 칵테일글라스에 따라낸다. 블루 하와이가 에메
랄드빛 바다라면 스카이다이빙은 맑고 푸른 하늘을 떠올
리게 하는 칵테일이다. 럼이 반 들어가는 칵테일인만큼
알코올도수가 높은 편이다. 독한 맛이 부담된다면 럼의
양을 좀 줄이는 대신 탄산수를 더 넣어도 좋다.

멜론리큐어 & 칵테일 만들기

● 멜론리큐어

푸른 빛깔의 대표적 리큐어라고 하면 단연 블루큐라소이다. 그리고 녹색 리큐어로 유명한 술을 꼽으라면 망설임 없이 멜론리큐어를 꼽는다. 멜론리큐어는 드카이퍼(De kuyper), 볼스(Bols), 선토리(Suntory)의 미도리 등 여러 곳에서 만든다. 녹색리큐어=멜론리큐어=미도리라는 공식이 있을 정도로 멜론리큐어에서 미도리의 인지도는 압도적이다. 맛은 드카이퍼사와 볼스사의 멜론리큐어가 미도리보다 좀 더 달다. 미도리도 이전에는 달면서 색도 짙었는데 바텐더들의 의견을 수렴하여 2007년부터 색도 옅고 단맛도 덜한 지금의 미도리가 만들어졌다. 미도리는 일본어로 みどり, 녹색을 뜻하며 홈페이지(http://www.midori-world.com)에 가면 자세한 정보를 얻을 수 있다.

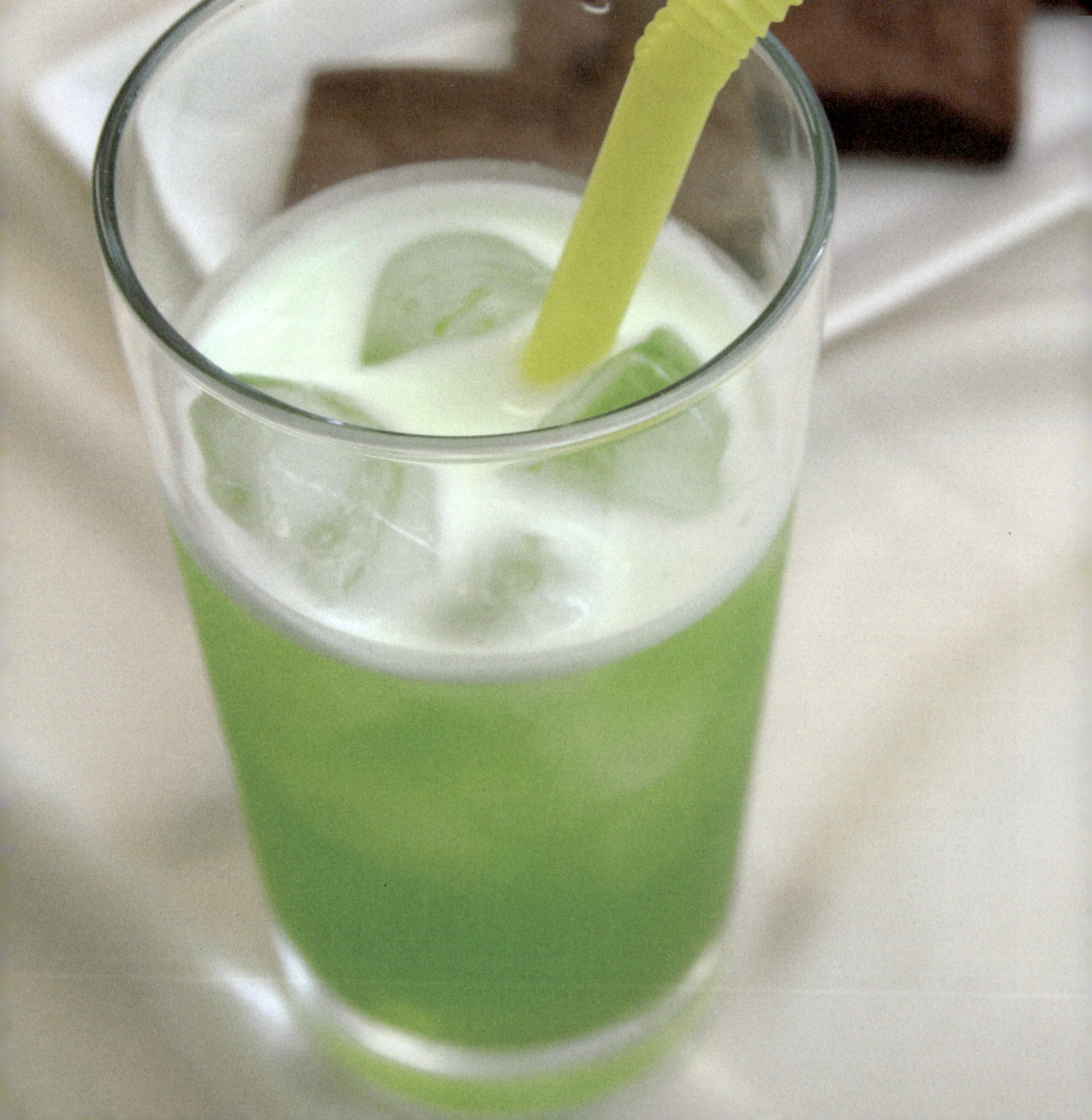

| 멜론리큐어 만들기 |

멜론은 후숙과일로 수확한 지 얼마 지나지 않은 멜론은 단단하고 단맛이 덜하다. 후숙이 잘되면 멜론 특유의 향기가 강해지므로 멜론의 밑부분을 눌러보았을 때 말랑말랑하여 후숙이 잘된 과일로 만든다. 멜론리큐어는 산뜻한 녹색이 매력적인 술이므로 천연색소를 넣어서 녹색을 만들어준다. 멜론을 침출시켰지만 멜론향이 그렇게 강하지 않으니 멜론향을 구입하여 조금만 넣으면 멜론향이 풍부하고 산뜻한 리큐어를 만들 수 있다.

재료 : 멜론 300g, 소주(35%) 500~600mL, 설탕 200g, 천연색소(녹색), 멜론향신료

1 멜론 안쪽의 과육 부분만 적당한 크기로 잘라 용기에 담고 소주를 붓는다.

2 2주 정도 지나면 멜론을 건져내고 커피여과지로 탁한 침전물을 걸러낸다.

3 걸러낸 맑은 술에 설탕을 넣고 잘 녹인다. 멜론은 과즙이 많아서 설탕시럽을 만들어서 넣으면 알코올도수가 많이 내려가니 설탕을 넣는다.

| 미도리 사워 칵테일 만들기 |

사워(Sour)란 '신맛이 난다'는 뜻으로 레몬주스 또는 라임주스와 같은 상큼한 주스에 설탕시럽 등을 넣어 셰이크해서 만드는 음료이다. 여기에 멜론맛의 미도리리큐어를 섞어서 만든 칵테일이 미도리 사워(Midori Sour)다. 이름이 '미도리 사워'이니 미도리 제품을 사용해야겠지만 다른 회사의 멜론리큐어를 사용해도 좋다.

재료 : 미도리 2oz, 레몬주스 1oz, 스위트 앤 사워믹스 약간

미도리와 레몬주스를 얼음과 함께 셰이커에 넣고 흔든 다음 얼음을 넣은 글라스에 붓고 그 위에 스위트 앤 사워믹스를 채운다. 스위트 앤 사워믹스는 레몬주스와 라임주스를 같은 양 섞은 후 설탕을 약간 넣어서 만들어도 되지만 사이다로 대신해도 꽤 맛있는 칵테일이 된다. 멜론의 달콤함에 레몬과 라임의 새콤함이 더해지고 알코올 함량도 적어 부담 없이 즐길 수 있다.

| 준벅 칵테일 만들기 |

준벅(June Bug)이라는 칵테일은 이름의 유래가 재미있다. 6월의 애벌레와 비슷하다고 해서 또는 미국의 남부 쪽에서 흔히 볼 수 있는 준벅이라는 풍뎅이의 색과 비슷하다고 해서 붙여진 이름이라고 한다. 벌레라는 이름과 칵테일이 잘 어울리진 않지만 꽤나 유명한 칵테일이다. 들어가는 재료만 보아도 새콤달콤함이 느껴진다. 전체적으로는 멜론향이 강하고 말리브의 코코넛향이 여운을 준다. 그 사이에 바나나향, 파인애플주스, 사워믹스의 새콤달콤함이 감싸주는, 한마디로 맛있는 칵테일이다. 준벅은 만드는 방법도 다양하다. 비율이 다른 레시피도 많고 사워믹스 대신에

라임이나 레몬주스를 사용하기도 하니 입맛에 가장 잘 어울리는 칵테일을 만들어보자.

재료 : 미도리 1oz, 코코넛럼(말리브) 1/2oz, 바나나리큐어 1/2oz, 스위트 앤 사워믹스 2oz, 파인애플주스 2oz
셰이커에 얼음과 재료들을 다 넣고 흔든 다음 글라스에 담아내면 된다. 모든 재료를 다 넣고 섞기 때문에 거품이 많이 생긴다. 재료 중에 특별하게 알코올도수가 높은 증류주도 없기 때문에 편하게 마실 수 있어서 여자들이 좋아하는 칵테일 중 하나이기도 하다.

복숭아리큐어 & 칵테일 만들기

● 피치트리, 피치슈냅스

복숭아로 만든 리큐어로 검색해보면 피치트리(Peach Tree), 피치슈냅스(Peach Schnapps), 피치브랜디(Peach Brandy) 등의 이름을 어렵지 않게 찾을 것이다. 피치슈냅스와 피치브랜디는 복숭아로 만든 리큐어의 종류이고, 피치트리는 드카이퍼사에서 만든 피치슈냅스의 상표명으로 칵테일에서 많이 사용하게 되면서 피치슈냅스의 대명사와 같은 리큐어가 되었다. 슈냅스(Schnapps)는 리큐어의 한 종류로 증류주와 과일을 같이 발효시키거나 증류시킨 것이다. 일반적으로 증류주에 과일과 여러 가지 첨가물을 침지시켜서 만드는 리큐어보다는 알코올도수도 높고 색은 투명하며 보통의 리큐어처럼 단맛이 강하지 않은 술이라고 보는 견해가 많다. 전통적인 슈냅스 분류와는 논쟁거리가 있지만 리큐어와

슈냅스는 비슷한 술이라고 보는 것이 속 편하겠다.

피치슈냅스와 피치브랜디는 어떤 차이가 있을까? 브랜디라 하면 발효가 끝난 포도주를 증류하여 오크통에 보관하면서 오크의 황금색과 향이 스며든 술을 말한다. 그러나 리큐어 쪽의 브랜디, 즉 피치브랜디나 체리브랜디 등은 교과서적인 브랜디 제조과정과는 다르게 만든다. 체리나 피치를 발효시켜 증류한 술을 체리 또는 피치브랜디라 할 수 있는데 포도브랜디를 베이스로 향을 더해 만든 가향 브랜디가 대부분이다. 증류주에 추출물과 당을 첨가하여 만들었으니 일반적인 리큐어에 가깝다고 할 수 있다. 따라서 피치슈냅스나 피치브랜디는 리큐어 종류로 큰 차이가 없다고 보는 것이 맞겠다.

| 복숭아리큐어 만들기 |

복숭아에 소주를 붓고 복숭아의 향과 맛을 침출시키지만 복숭아
리큐어만큼 복숭아향이 나지 않는다. 향신료가 들어가야 사먹는
리큐어 맛이 난다. 투명한 복숭아리큐어를 만들고 싶다면 복숭
아를 침출시키지 말고 소주와 설탕, 향신료만 넣고 만들면 된다.
소주에 복숭아향만 넣어서 만든 것이 술이냐고 하겠지만 국내에
서 판매하는 외국 리큐어들의 가격을 보면 원산지에서의 생산원
가가 대략 예상된다. 이렇게 저렴하게 만든 술도 꽤 있지 않을까
생각한다.

재료 : 복숭아 200g, 소주(35%) 500mL, 설탕 50~100g, 복숭아
향신료

1 복숭아를 적당한 크기로 잘라 용기에 담고 소주를 붓는다.
2 2주 정도 지나면 커피여과지로 깨끗한 술만 받아낸다.
3 설탕과 복숭아향신료를 넣고 잘 녹인다.

| 블루 사파이어 칵테일 만들기 |

블루 사파이어는 대부분의 칵테일전문점 메뉴에 있을 만큼 대중적인 칵테일로 색상이 화려하고 달콤한 술이다. 푸른빛 칵테일에는 어김없이 블루큐라소가 들어간다. 적은 양으로도 산뜻한 푸른색을 낼 수 있기에 칵테일 만드는 데에는 블루큐라소만큼 좋은 재료도 없다. 특별히 독한 술도 안 들어가며 말리부 럼과 블루큐라소에 사이다만 섞어도 그럴듯한 칵테일이 만들어지기도 한다.

재료 : 말리부 럼 1/2oz, 피치슈냅스 1/2oz, 블루큐라소 1/2oz, 레몬주스 1/2oz, 라임주스 1/2oz, 사이다 적당량

셰이커에 말리부 럼, 피치슈냅스, 블루큐라소, 레몬주스, 라임주스와 얼음을 넣고 흔들어준다. 적당히 냉각되었으면 얼음을 채운 글라스에 담고 사이다나 소다수를 채우면 된다. 단맛보다는 청량감을 좋아한다면 소다수가 더 어울린다. 푸른빛의 블루 하와이와 비슷하지만 알코올도수가 낮아 더 편하게 즐길 수 있는 칵테일이다. 블루큐라소가 들어간 칵테일은 바다가 생각나는 무더운 여름에 제격인 매력적인 칵테일이다.

| 뇌출혈(Brain Hemorrhage) 칵테일 만들기 |

이름이나 외형이 범상치 않은 칵테일이다. 외국에서는 할로윈파
티에 많이 마신다고 한다. 기원은 정확치 않으나 한 바텐더가 독
특한 칵테일을 만드는 과정에서 나온 칵테일로, 이 칵테일을 접한
손님이 마치 피가 흐르는 뇌 같다고 하여 붙여진 이름이라고 한
다. 이 칵테일은 증류주가 들어가지 않기 때문에 알코올도수에 대
한 부담은 없다. 시럽이 떨어지면서 그 주위를 베일리스의 부드러
운 크림이 코팅해서 마시면 물컹물컹한 덩어리가 느껴지고 터지
는 느낌이 색다른 칵테일이다

재료 : 피치슈냅스 1㎖, 베일리스, 그레나딘시럽

뇌출혈 칵테일은 먼저 슈터글라스에 투명한 복숭아리큐어인 피
치트리나 피치슈냅스를 2/3 정도 담고 베일리스리큐어를 숟가락
을 이용해 조심스럽게 따라 맨 위에 베일리스층을 만든다. 베일리
스는 층이 잘 만들어지기 때문에 천천히 부으면 잘 떠오른다. 베
일리스층이 만들어지면 그레나딘시럽을 손가락에 조금 묻혀서
한 방울씩 똑똑 떨어뜨리면 베일리스층을 통과하면서 재미있는
모양이 만들어진다. 시각적인 재미가 있는 칵테일이니 최대한 소
름 돋게 만들어보자.

체리브랜디리큐어 &
칵테일 만들기

브랜디는 포도와인을 증류하여 오크통에서 숙성시킨 술이다. 그 중에서 프랑스의 코냑 지방에서 생산한 브랜디는 특별히 '코냑'이라는 이름표를 붙일 수가 있다. 알코올도수는 40도 정도 되며, 포도와 오크의 달콤함이 매력적인 증류주이다. 체리브랜디는 교과서적인 브랜디 제조과정처럼 체리를 발효시켜 증류한 술은 아

니다. 대부분 브랜디에 체리와 몇 가지 허브를 같이 침출시켜 만들며 리큐어에 속한다.
체리에 소주를 부어 만들 수도 있지만 체리브랜디에 가깝게 만들어보자. 집에 마시다 남은 브랜디가 있다면 마트에 가서 체리를 구입하여 체리브랜디를 만들자.

| 체리브랜디 만들기 |

재료 : 체리 300g, 브랜디 700mL, 설탕시럽 200mL 또는 설탕 적당량

1 체리는 깨끗이 씻은 다음 으깬다. 그냥 담가도 되지만 침출시간을 앞당겨 최대한 맛과 향을 뽑아보자.

2 으깬 체리에 브랜디를 부은 뒤 10~15일 침출시킨다.

3 커피여과지로 건더기를 걸러내고 기호에 따라 설탕을 넣는다. 알코올도수가 높아서 부담이 되면 설탕시럽을 넣어 도수를 낮추어도 좋다. 1:1 설탕시럽을 200mL 정도 넣으면 약 25% 알코올도수의 달콤한 체리브랜디가 된다.

| 체리블로섬(Cherry Blossom) 만들기 |

벚꽃이라는 이름의 칵테일이다. 체리브랜디를 베이스로 사용하고 그레나딘시럽이 들어가기 때문에 벚꽃 같은 밝은 핑크계열보다는 체리색에 가깝게 나온다. 그레나딘시럽의 양을 조절하면 다양한 색상의 체리블로섬을 만들 수 있다.

재료 : 체리브랜디 1oz, 브랜디 1/2oz, 큐라소 1/3oz, 그레나딘시럽 1/3oz, 레몬주스 1/3oz

셰이커에 얼음과 모든 재료를 넣고 잘 흔든 다음 칵테일글라스에 따라내면 된다. 오크향이 강한 브랜디가 들어가지만 큐라소와 레몬주스의 상큼한 맛에 묻혀 잘 느껴지지 않는다. 전체적으로는 체리의 향이 강하고 단맛과 신맛이 적당히 섞여서 맛이 좋은 칵테일이다.

BAILEYS

크림리큐어＆칵테일 만들기

● **베일리스 아이리시 크림(Baileys Irish Cream)**

베일리스는 1974년에 처음 소개된 리큐어로 기존의 허브나 과일을 이용한 리큐어와 달리 동물성 재료인 우유의 크림을 아이리시 위스키와 섞어서 만든 리큐어이다.

위스키라 하면 보통 스코틀랜드 지역에서 만든 스카치위스키를 떠올리지만 원조는 아일랜드에서 만든 아이리시위스키이다. 위스키는 맥주를 증류해서 오크통에 숙성시킨 술인데 맥주는 물에 보리를 불려 싹을 틔운 맥아(엿기름)로 만든다. 이 맥아를 만드는 과정에 건조 과정이 있는데 스코틀랜드 지방에서는 지천에 널려 있는 석탄의 일종인 피트(peat)로 훈연하기 때문에 스카치위스키에서는 피트훈연의 독특한 스모키향이 난다. 아이리시위스키는 피트를 사용하지 않고 맥아를 건조시켜 만들기 때문에 스카치위스키에 비해 부드럽고 상큼하다.

1970년대 아이리시위스키는 스카치위스키에 밀려 재고가 쌓이게 되었고 우유도 과잉생산되어 농가들의 재고 부담이 점점 커졌는데 아일랜드의 길비스(Gilbeys)라는 업체에서 우유의 크림과 아이리시위스키를 섞은 베일리스를 개발했다. 알코올과 크림 성분의 쉽지 않은 혼합공정으로 시간이 많이 필요했고 4년 뒤에 첫선을 보이게 되었다.

베일리스는 우유의 부드러움과 달콤한 단맛 그리고 아이리시위스키의 향이 잘 조화된 술로, 식후 디저트로도 많이 마시며 크림이 달콤해 여성들이 특히 좋아한다.

| 크림리큐어 만들기 |

크림리큐어는 재료를 침출시키는 과정 없이 생우유와 술을 혼합하여 만들 수 있는 비교적 간단한 리큐어이다. 크림과 알코올이 잘 섞이게 하기 위해 유화제라는 첨가물을 넣는데 여기서는 레시틴을 사용했다.

재료 : 생우유 150mL, 백설탕 150g, 물 100g, 소주(35%) 350mL(또는 아이리시위스키 330mL), 레시틴 1Ts(15mL), 코코아분말 약간, 핸드블랜더

1 용기에 물 100g과 설탕 150g, 생우유 150mL, 레시틴을 넣고 핸드블랜더로 충분히 혼합한다.

2 소주(35%) 350mL, 코코아분말을 넣고 다시 한 번 핸드블랜더로 혼합한다.

3 충분히 믹싱하지 않으면 분산과 유화가 잘되지 않아 크림층과 알코올층이 분리될 수 있지만 마시기 전에 흔들어 섞으면 큰 문제는 없다. 생우유 대신에 코코넛크림으로 만들어도 좋다. 우유와는 또 다른 매력적인 크림리큐어를 만들 수 있다.

| tip | 레시틴이란? 베일리스와 같은 크림리큐어는 알코올과 크림이 잘 혼합되어야 한다. 그런데 크림, 즉 지방성분과 알코올은 잘 섞이지 않는다. 아무리 잘 섞어도 시간이 지나면 기름층과 알코올층은 분리된다. 이렇게 섞이기 어려운 물질을 잘 섞이게 도와주는 것이 유화제이다. 우리가 매일 사용하는 비누가 대표적인 유화제(계면활성제)이다. 비누는 친수성(물과 결합하는)과 소수성(기름성분과 결합하는)의 두 가지 성질을 다 갖고 있어서 사람의 기름때를 물로 씻어낼 수 있다.
레시틴은 콩이나 계란노른자 등에서 추출한 유화제의 한 종류로 화장품이나 아이스크림 같은 유제품을 만들 때 많이 사용한다. 베일리스에도 글리세린지방산에스테르가 들어 있는데 레시틴과 같은 알코올과 크림(지방)의 혼합물을 안정화하기 위해 들어간 유화제(계면활성제)이다. 인터넷 쇼핑몰(유화제로 검색)에서 구입할 수 있다.

● **베일리스 밀크(Baileys Milk)**

베일리스는 크림으로 만든 리큐어라 색상이 화려한 칵테일에는 어울리지 않는다. 베일리스 자체로는 달콤하고 부드러워 맛이 좋은 리큐어인데 스트레이트로 마시기에는 단맛에 대한 부담감이 있다. 얼음을 넣어 언더록스로 마시는 방법도 있고 간단하게 우유만 섞어도 왠지 든든할 것 같은 칵테일이 된다.

재료 : 베일리스 2oz, 우유
글라스에 얼음을 몇 개 넣고 베일리스와 우유를 차례로 부으면 되는데 베일리스와 우유의 양은 기호에 따라 조절하면 된다. 베일리스의 달콤함과 우유의 부드러운 맛이 조화돼 칵테일이라기보다는 달콤한 우유 한잔 마시는 기분이 든다.

● **B-53**

B-5X 시리즈는 미군의 군사장비와 관련이 있다. B-52는 'B-52 Stratofortress'라는 폭격기의 이름이고 B-53은 'B-53 Nuclear Bomb(핵폭탄)' 그리고 B-54는 'Boeing B-54'라는 생산이 취소된 폭격기의 이름이다. 폭탄이나 폭격기 같은 군사 장비를 뜻하는 칵테일인만큼 맛도 강렬하다. 여기서 소개하는 B-53은 비중이 다른 술을 층층이 쌓아서 만드는 칵테일로 프랑스에서는 푸스 카페(Pousse cafe)라고도 한다. 이와 같은 칵테일은 한번에 마셔야 그 매력을 느낄 수 있기 때문에 알코올도수의 부담도 만만치 않다. 먼저 비중이 가장 큰 칼루아에 베일리스와 보드카를 차례대로 올린 칵테일로, 보드카의 화끈하고 강렬한 맛 뒤에 커피향과 크림맛이 부드럽게 달래주는 매력적인 칵테일이다. B시리즈 칵테일은 만드는 재미, 보여주는 재미 그리고 한 번에 털어넣어 마시는 재미가 있는 술로, 손님 접대용으로 꽤 매력적인 칵테일이다.

재료 : 칼루아 1/3, 베일리스 1/3, 보드카 1/3
슈터글라스에 칼루아, 베일리스, 보드카 순서대로 조심스럽게 넣어 층층이 쌓아서 만드는데 먼저 칼루아를 넣고 두 번째로 베일리스를 숟가락을 이용하여 조심스럽게 넣는다. 칼루아와 베일리스는 비중 차이가 커서 그리 어렵지 않게 뚜렷한 분리층을 만들 수 있지만 마지막 보드카는 숟가락을 이용하여 조심스럽게 따라야 비교적 깨끗한 보드카층이 만들어진다.

커피리큐어 & 칵테일 만들기

● 칼루아

칼루아는 커피추출물, 감미료, 럼을 첨가해서 만든 리큐어로 커피의 아랍어가 칼루아라 그런지 병의 라벨에는 아랍풍 거리풍경이 그려져 있다.

칼루아는 칼루아 밀크, 블랙러시안(Black Russian) 등의 칵테일 베이스로 사용되는데 짙은 검은 색상으로 화려한 칵테일과는 거리가 멀다. 달콤한 커피맛으로 부담 없이 즐길 수 있는 리큐어이기도 하지만 스트레이트로 마시기에는 너무 달다. 칼루아 밀크는 우유만 섞어서 마시면 되는 간편하지만 부드럽고 맛있는 칵테일이고, 블랙러시안은 보드카와 혼합하여 좀 더 강하게 마시는 것으로, 남성들이 좋아하는 칵테일 중 하나이다.

칼루아는 마트에서 쉽게 구입할 수 있으며, 커피에 넣어서 마셔도 좋고 아이스크림과 곁들여도 좋다.

| 커피리큐어 만들기 |

커피리큐어는 커피 종류에 따라 맛과 향이 다른 술이 만들어진다. 그래서 케냐, 콜롬비아, 에티오피아 등 원산지별로 원두를 구입하여 커피리큐어를 만들어서 맛과 향을 비교해보는 것도 커피리큐어의 또 다른 즐거움이다. 원두는 통원두를 구입하여 만들기 전에 바로 분쇄하는 것이 좋다.

재료 : 소주(35%) 500mL, 드립커피 250mL, 설탕 300g, 바닐라시럽 30mL, 원두 30g

1 드립커피는 보통 마시는 커피보다 더 진하게 만든 다음 설탕 150g을 넣어 잘 녹인다.

2 원두커피 30g을 거칠게 분쇄한 다음 용기에 드립커피, 바닐라시럽, 소주를 넣고 잘 젓는다.

3 1~2주 후 커피여과지로 걸러낸 다음 설탕 150g을 넣고 잘 녹여서 병에 담는다. 설탕 양은 기호에 따라 조절하면 된다.

| 칼루아밀크 칵테일 만들기 |

칼루아는 베일리스와 비슷한 리큐어이다. 베일리스는 유제품의
특성상 색이 고운 칵테일과는 거리가 있고 칼루아 역시 검은색
의 어두운 리큐어로 산뜻한 색과 맛의 칵테일과는 잘 어울리지
않는다. 스트레이트나 언더록스로 마시기에는 지나치게 달콤해
부담이 된다. 칼루아도 베일리스밀크 칵테일처럼 우유만 부어 마
시는 방법이 있는데 술이라기보다는 커피맛이 나는 달콤한 우유
를 마시는 느낌의 칵테일이다. 간단하게 만들 수 있고, 맛도 고급
스러워 급하게 손님접대를 하기에 좋다.

재료 : 칼루아 1, 우유 2

글라스에 얼음을 3~4조각 넣고 칼루아와 우유의 비율을 1:2 또
는 1:3으로 넣으면 된다. 계량도구는 지거를 사용하거나 없으면
위스키잔을 사용해도 된다. 위스키잔 1잔에 우유 2~3잔을 기본
단위로 사용하며 마실 만큼 배율을 정해 넣으면 된다.
칼루아 맛을 더 진하게 느끼고 싶다면 칼루아와 우유의 비율을
1:1로 만들면 되는데 칼루아의 강한 단맛이 거부감을 줄 수 있다.
특별하게 정해진 레시피나 기교가 없는 술이니 자유롭게 다양한
방법으로 편하게 즐기면 된다.

| 블랙러시안 칵테일 만들기 |

블랙러시안은 칵테일을 잘 몰라도 이름은 들어봤을 정도로 인기 있는 칵테일이다. 러시아의 대표 술인 보드카와 짙은 검은색의 칼루아를 섞어 만들어서 '블랙러시안'이라는 이름이 붙었다고 한다. 블랙러시안도 칼루아밀크만큼이나 만들기 쉬운 술이다.

재료 : 보드카 2, 칼루아 1
글라스에 얼음을 3~4조각 넣고 보드카와 칼루아의 비율을 2:1

로 넣는다. 보드카 2잔이면 칼루아 1잔을 넣으면 된다. 보드카가 칼루아의 2배이지만 칼루아의 진한 커피향과 단맛이 있어 부드럽게 마실 수 있는 칵테일이다. 기호에 따라 보드카와 칼루아의 비율은 바꿔도 된다. 진하게 내린 드립커피를 조금 넣으면 칼루아의 커피맛에 신선한 커피향이 더해져 한층 고급스러운 칵테일이 만들어진다.

코코넛리큐어 & 칵테일 만들기

● 말리부 럼

말리부 럼은 카리브해 동부의 섬나라 바베이도스(Barbados)에서
생산되는 코코넛추출액과 럼을 섞어서 만든 술이다. 럼을 베이스
로 사용하지만 코코넛추출물, 당을 첨가하여 만들어서 리큐어로
분류된다.

코코넛으로 만들고 불투명한 흰색의 병에 담겨 있어서 술의 색

이 탁한 흰색처럼 느껴지지만 화이트 럼과 코코넛추출물을 사용
하여 색이 맑고 투명하다. 말리부 럼은 달콤한 코코넛향이 강하
고꽤 맛이 좋은 리큐어다. 얼음만 넣고 마셔도 진한 코코넛향에
달콤함까지 더해져 행복해지는 술이다.

liqueur

| 코코넛리큐어 만들기 |

코코넛추출액이나 향료로 만들어야 맑고 투명한 리큐어가 나오나 코코넛추출액을 구하기가 쉽지 않다. 여기서는 제과용품점에서 쉽게 구입할 수 있는 코코넛가루를 소주에 침출시켜 만들어보자. 이렇게 하면 말리부 럼처럼 맑지는 않지만 차별화된 나만의 코코넛리큐어를 만들 수 있다.

재료 : 코코넛가루 100g, 1:1 설탕시럽 250mL, 35% 소주 500mL(또는 화이트 럼 450mL)

1 용기에 코코넛가루 100g, 1:1 설탕시럽 250mL, 소주(35%) 500mL를 붓는다. 화이트 럼이면 450mL 정도 넣는다.

2 2주 정도 지나면 나일론 재질의 망으로 코코넛가루를 거른다. 코코넛가루는 커피여과지로는 거르기 힘드니 여과망으로 찌꺼기를 짜내는 것이 좋다.

3 병에 담아두면 코코넛가루 침전물이 위로 뜨는데 고운 여과지로 한 번 더 거르면 우윳빛의 맑은 술을 만들 수 있지만 거르기가 쉽지 않다. 오히려 뿌연 느낌의 우윳빛깔이 매력을 더할 수 있다.

● **썸머 레인(Summer Rain)**

말리부 럼은 스트레이트로 마시거나 얼음을 넣어 언더록스로 많이 마신다. 코코넛향이 강하고 지속적으로 입안에 맴돌아 지루하지가 않다. 부드럽고 달콤하지만 강한 알코올 맛을 느끼고 싶다면 보드카를 넣으면 된다. 글라스에 얼음을 3~4조각 넣은 다음 말리부 럼과 보드카를 2:1로 넣어 저으면 섬머 레인 칵테일이 완성된다. 보드카의 알싸한 맛과 말리부 럼의 달콤하고 은은한 맛이 어우러져 맛있는 칵테일이 된다.

● **아일랜드 콜라(Lsland Cola)**

말리부 럼은 콜라, 사이다 같은 탄산음료나 오렌지주스, 파인애플주스와 잘 어울린다. 콜라를 넣으면 청량감과 탄산의 톡 쏘는 맛에 말리부 럼의 향기로움이 더해져 시원하게 마실 수 있다. 이 칵테일은 롱아일랜드 아이스티의 변형된 칵테일 정도라고 보면 될 것 같다.

롱아일랜드 아이스티는 보드카, 데킬라, 럼, 진 등의 증류주에 레몬주스와 콜라를 넣어 만드는데 알코올도수가 높은 증류주가 많이 들어가 꽤 강한 뒷맛을 느끼는, 폭탄주 같은 칵테일이다. 부드럽고 편안한 칵테일을 즐기고 싶다면 아일랜드 콜라를 만들어 마셔보자. 글라스에 얼음을 넉넉하게 담고 말리부 럼 1잔에 콜라 3잔의 비율로 넣으면 된다. 좀 더 강한 뒷맛을 느끼고 싶다면 보드카나 데킬라를 넣으면 된다.

아몬드리큐어 & 칵테일 만들기

● 아마레토

아마레토(Amaretto)의 이름에는 두 가지 기원이 있다. 이탈리아 어로 '쓰다'라는 뜻의 'Amaro'에서 전해졌다는 이야기와 이와 발음이 비슷한 사랑을 뜻하는 'Amore' 또는 'amare'에서 전해졌다는 이야기가 있다.

아마레토의 전설로 꽤 유명한 이야기가 있다. 1525년 레오나르도 다 빈치(Leonardo Da Vinci)와 그의 제자인 루이니(Bernardino Luini)는 이탈리아 롬바르디의 사론노에 있는 교회의 벽화를 그리게 되었다. 루이니는 자신이 머물던 여관의 젊은 여주인에게 벽화에 그릴 성모 마리아의 모델이 되어달라고 부탁했고, 그 젊은 여주인은 루이니의 마음에 감사의 표시를 하기 위해 살구씨로 담근 브랜디를 선물했다고 하는데 이 술이 현재의 아마레토라고 한다.

아마레토는 여러 회사의 제품이 있다. 디 사론노(di Saronno) 아마레토, 디 아모레(di Amore) 아마레토, 듀보이스(Dubois) 아마레토, 볼스(Bols) 아마레토 등 가격대도 다양하고 맛과 향도 차이가 있다. 디 사론노의 아마레토가 인지도는 있지만 가격은 다른 제품에 비해서 비싼 편이다.

| 아몬드리큐어 만들기 |

아마레토는 아몬드리큐어로 알려져 있지만 아몬드가 아닌 살구씨로 향을 낸다. 살구씨추출액은 살구씨를 알코올에 침출시킨 다음 증류하여 만드는데 집에서 만들기에는 장비도 필요하고, 쉽게 만들 수 있는 것도 아니다. 여기서는 구하기 쉬운 아몬드가루를 소주에 침출시킨 다음 살구술, 소주, 설탕을 혼합하여 아몬드향과 살구향이 나는 술을 만들어보자. 살구술은 살구에 소주를 부어 만든 과실주로, 만들어둔 살구술이 없다면 살구맛 음료수를 좀 넣자.

재료 : 아몬드가루 200g, 1:1 설탕시럽 200mL, 살구술 50mL, 소주(35%) 550mL, 레시틴 1Ts

1 아몬드가루 200g, 소주(35%) 550mL를 넣고 1～2주일 침출시킨다.

2 아몬드가루는 커피여과지에는 걸러지지 않기 때문에 망으로 된 천으로 걸러낸다.

3 걸러낸 술에 1:1 설탕시럽 200mL, 살구술 50mL, 레시틴 1Ts을 넣은 다음 핸드블랜더로 충분히 혼합한다.

| 갓파더 칵테일 만들기 |

갓파더(God Father) 칵테일의 어원은 정확하게 알려져 있지 않지만 '갓 파더' 하면 영화 〈대부〉가 먼저 생각난다. 천주교에서 세례받을 때 후견인과 관계를 맺게 되는데 세례받은 사람의 남자 후견인도 갓 파더(God Father)라고 한다. 갓파더 칵테일은 위스키가 들어가 독할 거라는 생각이 들지만 달콤하고 향긋한 아마레토 리큐어가 위스키를 감싸주어 편하게 마실 수 있는 칵테일로 맛과 향이 상당히 좋다. 위스키 대신에 보드카를 넣으면 '갓마더(God mother)'라는 칵테일이 된다.

재료 : 위스키 1과 1/2oz, 아마레토 1/2oz, 얼음 3~4조각

갓파더는 언더록스잔에 담아야 멋이 난다. 덩어리 얼음이 천천히 녹아 빨리 희석해주지 않으면서 모양도 좋다. 글라스에 얼음을 3~4조각 넣은 다음 위스키를 1과 1/2oz, 지거가 없다면 위스키잔으로 1과 1/2 잔 그리고 아마레토를 1/2잔의 비율로 차례대로 넣고 긴 숟가락으로 저으면 된다.

| A.B.C샷(A.B.C Shot) 칵테일 만들기 |

B–5X 시리즈와 마찬가지로 비중이 다른 술을 층층이 쌓아 만드는 칵테일이다. 칵테일 이름은 들어가는 리큐어의 앞글자만 딴 A(Amaretto).B(Baileys).C(Cognac)이다. 베일리스는 비교적 쉽게 층을 쌓을 수 있어서 띄우기 방법으로 만드는 칵테일의 단골재료이다. 코냑이 없으면 브랜디를 사용해도 무방하다.

재료 : 1/3 아마레토, 1/3 베일리스, 1/3 코냑(브랜디)
슈터글라스에 아마레토, 베일리스, 코냑 순서대로 조심스럽게 넣어 층을 쌓는 방법으로 만든다. 사용할 잔이 더블슈터글라스

(60mL)라면 각각의 재료를 약 1/2oz씩 넣으면 된다. 먼저 아마레토를 붓고 두 번째 베일리스는 숟가락을 이용하여 조심스럽게 넣어 층을 만든다. 부어줄 때는 지거에 먼저 따른 다음 숟가락에 조심스럽게 부어야 층이 잘 만들어진다. 그리고 마지막 코냑(브랜디)도 지거에 먼저 따르고 숟가락을 이용하여 조심스럽게 흘려주어 층을 만든다. 베일리스층 위에 맑은 술의 층은 깨끗하게 만들기가 어렵다. 조그만 충격에도 층이 흐트러지니 만든 자리에서 마시는 것이 깨끗한 층을 보면서 마실 수 있는 방법이다. 베일리스의 크림향과 아마레토의 아몬드향, 마지막으로 코냑이 마무리해주는 강렬하면서 인상적인 칵테일이다.

Section 11
맥주 칵테일 만들기

맥주는 맥주만으로도 완성도가 높은 술이다. 하면발효맥주라거 계열 맥주는 담백하고 톡 쏘는 맛으로, 상면발효맥주에일 계열 맥주는 복잡 달콤한 맛으로 술꾼들을 충분히 즐겁게 해준다. 더군다나 맥주전문체인점도 많이 있어서 저렴하게 세계의 다양한 맥주를 맛볼 수 있으니 굳이 칵테일을 하지 않고 골라 마시는 재미만으로도 좋다.

국내 맥주는 라거 계열 맥주가 대부분이라 맛과 다양성에서 아쉬움을 느낀다면 칵테일로 색다른 맛을 경험하는 것도 좋다.

과일을 직접 갈아서 용기에 담고 맥주병을 거꾸로 세워두고 빨대로 마시면 맥주가 조금씩 과일즙에 흘러나오는데 그 재미가 쏠쏠하다. 과일은 파인애플처럼 즙이 많고 상큼한 재료가 좋다. 여기에 감미료나 원하는 색과 향의 리큐어를 같이 넣어서 마셔도 좋고 사이다 같은 탄산음료를 사용하면 맥주 칵테일 파나셰 Panache와 비슷한 기분을 낼 수 있다.

| 맥주 칵테일 만들기 |

재료 : 맥주 1/2(90mL), 탄산음료 1/2(90mL)

맥주잔에 맥주 1/2을 따르고 탄산음료를 채운다. 맥주와 탄산음료는 차갑게 해서 직접 넣는다.

파나셰란 프랑스어로 맥주와 레몬껍질로 향을 낸 탄산음료인 레모네이드의 혼합주를 말한다. 맥주 반, 탄산음료 반이 일반적이다. 단맛을 좋아하면 사이다를 사용해도 되고, 깔끔한 맛이 좋다면 감미료가 없는 소다수를 섞어서 마시면 된다. 여기에 레몬즙을 조금 넣어도 좋다. 알코올도수가 높지 않은 맥주에 탄산음료를 섞어 만들었으므로 알코올도수가 낮아서 운동 후 갈증해소에도 좋다.

liqueur

special

샴페인,
스파클링 와인 만들기

샴페인Champagne과 스파클링 와인Sparkling wine은 둘 다 탄산가스가 녹아 있는 와인이다. 다만 프랑스 상파뉴Champagne 지역에서 생산되는 스파클링 와인만을 샴페인이라고 하는데 상파뉴의 영어식 발음이 샴페인이다. 효모는 포도당을 이용하여 알코올과 탄산가스를 만든다. 발효과정에서 생성되는 탄산가스는 대개 외부로 빠져나가지만 밀폐된 용기 내에서 알코올발효가 일어나면 탄산가스가 빠져나가지 못하고 술 속에 녹아들게 된다. 그래서 완성된 와인에 당과 효모를 약간 넣어주면 이 당을 소비할 만큼 탄산가스가 만들어진다. 이 원리를 이용하면 어렵지 않게 스파클링 와인을 만들 수 있다. 샴페인을 전통적인 방법으로 만들려면 와인을 만든 다음 병에 담아서 2차발효탄산화를 시키는데, 이 방법은 2차발효가 끝난 다음 넣어준 효모를 제거해야 하는 어려움이 있다. 효모

숙련된 기술로 짧은 시간 뚜껑을
열어 탄산가스가 빠져나가지 않게 얼음만 빼내면
맑은 샴페인이 만들어진다.

는 결국 병 내부에서 침전물이 되어 샴페인을 혼탁하게 한다. 그래서 병을 거꾸로 세워서 병 입구에 침전물이 쌓이면 병 입구만 얼린다. 그러면 침전물은 얼음 속에 갇히게 된다. 숙련된 기술로 짧은 시간 뚜껑을 열어 탄산가스가 빠져나가지 않게 얼음만 빼내면 맑은 샴페인이 만들어진다. 그 외에 압력통에서 2차발효를 시킨 다음 맑은 술만 병에 담는 방법도 있고, 2차발효 과정을 생략하고 외부에서 탄산가스를 주입하는 방법도 있다.

● **집에서 만드는 스파클링 와인**

집에 있는 과실주(리큐어)로 스파클링 와인 타입의 발포주를 만들어보자. 스파클링 와인은 상큼한 맛으로 가볍게 즐기는 술이므로 약재로 만든 술보다는 살구, 복숭아, 사과 같은 과실로 담근 술로 만드는 것이 좋다.

1L 용량의 병을 탄산화할 때 필요한 설탕의 양은 10g 정도이다. 즉 효모가 설탕 10g을 이용하여 탄산가스를 만들어내면 맥주 정도의 탄산압력이 된다.

그런데 과실주의 재료인 과실에 기본적으로 당이 포함되어 있고 술을 만들 때 설탕을 첨가하였다면 굳이 탄산가스 생성용 설탕을 넣어줄 필요는 없다. 그리고 과실주는 보통 알코올도수가 20%가 넘기 때문에 2~3배 희석해야 알코올의 삼투압에 따른 효모의 사멸을 막을 수 있고, 알코올 부담 없이 가볍게 즐길 수 있다. 용기는 꼭 탄산압력을 견딜 수 있어야 하므로 탄산음료 페트병과 같은 용기를 사용한다.

효모(건조효모)는 마트에서 구입할 수 있다. 와인용 효모는 술 관련 쇼핑몰에서 구입할 수 있으며, 마트에서 판매하는 제빵용 효모도 사용할 수 있다.

재료 : 과실리큐어 500mL, 효모 5g, 생수 600mL, 1.5L 탄산음료 페트병

1 컵에 미지근한 물(약 150mL)을 부은 뒤 효모를 넣고 30분 정도 놔둔다. 건조효모를 미지근한 물에 안정화해주는 과정인데 생략하고 바로 건조효모를 넣어도 괜찮다.

2 깨끗하게 씻은 탄산음료 페트병에 과실주(리큐어) 500mL와 생수 600mL를 넣는다. 과실주와 생수의 비율은 만들어놓은 술에 따라 다르기 때문에 기호에 맞게 조절하면 된다. 과실주의 알코올도수가 약 20%라면 이 비율로 물을 첨가하면 약 8% 탄산술이 만들어진다.

3 1에서 만든 효모는 20~30분 지나면 부풀어오른다. 과실주와 생수를 섞은 페트병에 효모를 넣고 상온에 놔두면 2차발효(탄산화)가 진행된다.

4 2차발효 기간은 주위 온도와 술의 상태에 따라 다르다. 페트병을 손톱으로 눌러보아서 들어가지 않을 정도로 단단해지면 냉장고에 넣어서 숙성시킨다.

| tip | 1. 만약 2~4일 지나도 페트병이 단단해지지 않으면 설탕을 5g 정도 넣는다.
2. 탄산가스는 낮은 온도에서 더 많이 녹기 때문에 냉장고에서 충분히 탄산화와 숙성을 시킨 다음 마시는 것이 좋다. 상온에서 페트병이 단단할 정도로 탄산화되었다고 하여도 냉장고에 넣어두면 물렁해지니 탄산의 톡 쏘는 상쾌함을 느끼고 싶다면 좀 더 시간을 갖고 충분히 탄산화하자.

과실주 그리고 칵테일

인쇄일 2014년 06월 05일
발행일 2014년 06월 10일

지은이 공태인
펴낸이 최병윤

펴낸곳 리얼북스
출판등록 2013년 7월 24일 제315-2013-000042호

주　소 서울시 마포구 서교동 440-3 미주빌딩 2층
전　화 070-4800-1375
팩　스 02-334-7049
이메일 sbdori@naver.com

© 공태인

ISBN 979-11-950875-3-2 [13590]